Ghada Abdelrahman

Qualidade dos couros de tamarindo

Ghada Abdelrahman

Qualidade dos couros de tamarindo

Produzido a partir de frutos de tamarindo tradicionais do Sudão

ScienciaScripts

Imprint
Any brand names and product names mentioned in this book are subject to trademark, brand or patent protection and are trademarks or registered trademarks of their respective holders. The use of brand names, product names, common names, trade names, product descriptions etc. even without a particular marking in this work is in no way to be construed to mean that such names may be regarded as unrestricted in respect of trademark and brand protection legislation and could thus be used by anyone.

Cover image: www.ingimage.com

This book is a translation from the original published under ISBN 978-620-2-05998-5.

Publisher:
Sciencia Scripts
is a trademark of
Dodo Books Indian Ocean Ltd. and OmniScriptum S.R.L publishing group

120 High Road, East Finchley, London, N2 9ED, United Kingdom
Str. Armeneasca 28/1, office 1, Chisinau MD-2012, Republic of Moldova, Europe
Printed at: see last page
ISBN: 978-620-7-90488-4

Dedicação

Em memória do meu querido e falecido tio Hassan Bashir e

o meu querido e falecido amigo Mazaher

Agradecimentos

Os meus louvores a Alá que me deu saúde, força e paciência para realizar o estudo.

Abdel Halim Rahma Ahmed pela assistência contínua, pelos conselhos disponíveis, pela paciência e pelo encorajamento durante todo o estudo.

Elrakha Bashir Babkir, pela sua supervisão atenta e pelo seu encorajamento contínuo.

Gostaria de exprimir o meu sincero agradecimento à Agriculture Research Corporation pelo financiamento do estudo. Agradeço igualmente os esforços do pessoal e dos colegas do Centro de Investigação Alimentar pela sua ajuda e assistência inestimável.

Os meus agradecimentos e apreciações são também devidos aos membros da minha família que sempre me apoiam e encorajam.

O meu profundo agradecimento ao meu marido e aos meus filhos.

ÍNDICE DE CONTEÚDOS

Resumo

A polpa do fruto do tamarindo (*Tamarindus Indica.L*) foi extraída com água e foram adicionados três níveis de sacarose (5, 10 e 15 %) à polpa, que foi seca sob a forma de couro, utilizando três sistemas de secagem diferentes, nomeadamente um secador de laboratório (70,0° C), um secador solar (54± 4° C) e à sombra (35 ± 10 0C).

As características de qualidade do couro de tamarindo (razão de secagem, razão de reidratação, textura, acidez, açúcares, sólidos solúveis totais e escurecimento não enzimático) foram estudadas após o processamento em couros de tamarindo armazenados à temperatura ambiente (25 - 30 0Q durante seis meses. Durante o armazenamento, as características microbiológicas do couro também foram fornecidas.

O fruto do tamarindo foi encontrado rico em açúcares totais, açúcares redutores, K e Ca (37,33%, 36,5%, 362 mg / 100g e 149 mg / 100g, respetivamente) e pobre em proteínas e Fe. A proporção ideal de água para frutas de tamarindo para polpação foi encontrada para ser1: 4 com tempo de imersão ideal de 3 horas. A polpa de tamarindo foi considerada altamente ácida (7,6 % de acidez como ácido tartárico).

O secador de gabinete deu a maior taxa de secagem (47,5 g de água / 100 g de sólidos secos. h) e o menor tempo de secagem (4 horas) para fazer couros de tamarindo a partir da polpa de tamarindo em comparação com os sistemas solar e de sombra. À medida que o nível de sacarose na polpa de tamarindo aumentou, o tempo de secagem e o teor de humidade dos couros de tamarindo aumentaram com todos os sistemas de secagem. O couro de tamarindo sem sacarose teve o tempo de secagem mais curto quando seco com secador de armário, secador solar e à sombra (4; 33; 48 horas, respetivamente), enquanto o couro de tamarindo com 15 % de sacarose teve o tempo de secagem mais longo quando seco com secador de armário, secador solar e à sombra (6; 55; 96 horas, respetivamente).

Verificou-se uma redução significativa da taxa de secagem, da taxa de reidratação e da acidez do couro de tamarindo à medida que o nível de sacarose aumentava em todos os sistemas de secagem. O couro de tamarindo sem sacarose apresentou os valores mais altos de taxa de secagem, taxa de reidratação e acidez (7; 2,43; 18,82%, respetivamente), enquanto que o couro de tamarindo com 15% de sacarose apresentou os valores mais baixos (3,5; 1,44; 6,86%, respetivamente). A textura do couro de tamarindo com 15% de sacarose apresentou uma leitura de 3,29 Kg/N, o que reflecte uma melhoria na textura do couro sem sacarose (10,34 Kg/N), o que mostra o impacto positivo da adição de sacarose na textura do couro de tamarindo.

Embora se tenha registado que o couro de tamarindo com 15% de sacarose teve o tempo de secagem mais longo quando seco utilizando os três sistemas de secagem, apresenta boas características de qualidade em termos de textura, baixa acidez, elevado teor de sólidos solúveis totais e palatabilidade em comparação com os outros produtos de couro de tamarindo.

Durante o armazenamento, as peles de tamarindo com 15% de sacarose, secas em estufa e em secador solar, melhoraram a sua textura e tornaram-se mais tenras (2,72 e 2,64 kg/N, respetivamente) e ligeiramente mais escuras (1,869; 1,859, respetivamente). As peles de tamarindo foram consideradas estáveis à contaminação microbiana, o que pode ser atribuído à sua elevada acidez (ácido tartárico), que actua como agente antimicrobiano natural e, por conseguinte, incentiva a ausência de conservantes químicos neste tipo de preparações alimentares.

CAPÍTULO 1
INTRODUÇÃO

A conservação dos alimentos por secagem tem sido uma arte durante séculos, mas só recentemente foi traduzida em termos de tecnologia. A secagem e a desidratação de alimentos são termos amplamente utilizados para descrever a operação unitária em que quase toda a água presente nos géneros alimentícios é totalmente removida por evaporação ou sublimação, como resultado da aplicação de calor em condições controladas. A utilização bem sucedida do sol e do vento para evaporar a água dos géneros alimentícios ainda existe em muitas partes do mundo. No Sudão, o sol brilha durante as três estações do ano e o clima é de facto favorável para uma secagem óptima ao sol. Assim, a conservação de alimentos por este método tem sido praticada tradicionalmente em muitas partes do país para uma grande variedade de géneros alimentícios, tais como hibisco, quiabo, fatias de tomate, tâmaras, tiras de carne, especiarias, etc.

De acordo com muitas fontes, pensa-se que a transição do artesanato para a tecnologia começou durante a 1ª Guerra Mundial. Evidentemente, a 11ª Guerra Mundial concentrou mais atenção nas indústrias exigidas pela necessidade imediata de transportar abastecimentos para áreas infinitamente mais vastas do que durante a 1ª Guerra Mundial. A partir dos anos cinquenta, começaram a registar-se progressos significativos neste domínio.

A conservação aderente dos frutos por secagem implica uma redução significativa do seu teor de água até um ponto em que a concentração de sólidos solúveis se torna razoavelmente elevada. A zona oriental do Mediterrâneo preservou parte da sua produção excedentária de uvas, tâmaras e figos há muitos anos, utilizando o sol. [th]No final do século XIX, o tipo de frutos secos aumentou, passando a incluir alperces, pêssegos, ameixas, maçãs, pêras, bananas, citrinos, pinhões e mangas.

Uma das frutas desidratadas mais famosas são as peles de fruta, conhecidas comercialmente como barras de fruta, rolos de fruta ou folhas. As peles de fruta são um alimento de humidade intermédia fabricado por desidratação de purés de fruta em folhas de couro. A secagem de fruta para fazer peles oferece um método conveniente de comercializar fruta que é abundante ou inaceitável para o mercado de fruta fresca (Steele, 1987). O desenvolvimento do couro de fruta é uma alternativa para aumentar o valor comercial da fruta, particularmente quando há uma produção excessiva durante a estação.

Até à data, muitos tipos de frutos, como os alperces, a papaia, a maçã, a manga, o kiwi, o ciku e a jaca, têm sido produzidos com sucesso como couros de frutos.

Historicamente, os couros de alperce são fabricados há várias centenas de anos pela população de Hunza, um pequeno estado nas montanhas dos Himalaias, no noroeste do Paquistão (Lodge, 1981), e são utilizados popularmente durante o mês de jejum (Ramadão) como bebida em todos os países islâmicos.

Nos Estados Unidos, as barras de fruta desidratada têm sido utilizadas pelas Forças Armadas em rações de campo, pelos astronautas durante as explorações espaciais, por exploradores, caminhantes e outros que têm de transportar consigo as suas provisões alimentares (Torrey, 1974).

Sem dúvida, os couros de frutos têm um mercado estável e crescente nos Estados Unidos e no Canadá (Steel, 1987) e são produtos bem estabelecidos em ambos os países (Raab e Oehler 1976).

O tamarindo (*Tamarindus Indica*) é um fruto arbóreo da árvore do tamarindo, que cresce amplamente em muitas partes do Sudeste Asiático, África e América do Sul (Lewis e Neelakantan, 1964). A polpa do fruto do tamarindo contém ácido tartárico, açúcares redutores, pectina e proteínas, para além de fibra e material celulósico. A polpa do fruto foi registada como tendo muitas utilizações medicinais e industriais.

No Sudão, os frutos de tamarindo são tradicionalmente cultivados, colhidos e comercializados. A utilização alimentar deste fruto indígena continua a ser principalmente doméstica, com uma utilização limitada como matéria-prima para a transformação industrial (por exemplo, bebidas gaseificadas, compotas e produtos de confeitaria).

Este trabalho tem como objetivo alargar a utilização da polpa de tamarindo através da desidratação em peles ou folhas:

- Preparação de couro de tamarindo desidratado a partir de polpa de tamarindo contendo aditivo de sacarose e secagem usando diferentes sistemas de secagem (sistemas de gabinete, solar e de sombra)

- O efeito das condições de processamento do couro e dos sistemas de secagem nas propriedades físico-químicas, organolépticas e de conservação (período de armazenamento) do produto final.

CAPÍTULO 2
REVISÃO DA LITERATURA

2.1 Frutos indígenas doSudão

O Sudão é o maior país de África, com uma área de mais de 2,5 milhões de km^2 . O país inclui diferentes zonas ecológicas, desde o deserto no Norte até à floresta tropical húmida no Sul. As áreas de savana são vastas e ocupam pelo menos 37% de todo o território do Sudão (Craig, 1991). São habitats para numerosas espécies de plantas. As árvores e os arbustos desempenham um papel significativo na manutenção do ecossistema natural e na prevenção e combate à desertificação no Sahel, fornecendo uma multiplicidade de produtos úteis para as pessoas (Von Maydell, 1986). Com uma nova compreensão do valor das árvores de fruto indígenas na segurança alimentar e na satisfação das necessidades nutricionais, estas árvores receberão uma atenção crescente, especialmente nas zonas semi-áridas (El amine, 1990).

Apenas algumas espécies indígenas foram promovidas ou investigadas e estão a ser produzidas no terreno. Tem sido dada pouca atenção a espécies de culturas menores ou subutilizadas, como as árvores de fruto silvestres no Sudão. Algumas dessas árvores são o Gudeim (*Grewia tenax*), o Aradaib (*Tamarindus indica*), o Tabaldi (*Adansonia digitata*), o Nabak (*Ziziphus spina-christi*)**, o** Karkadeh (*Hibiscus sabdiffera),* o Aradieb (*Tamarindus indica*), o Lalob (*Balanites aegyptiaca)* e o Dalieb (*Borassus aethiopum* L.)... etc. (Jens *et al.*, 2002). O quadro 1 mostra a produção anual de frutos indígenas do Sudão.

Quadro 1. Produção e comércio interno de produtos florestais não lenhosos no Sudão durante o período 1994/1995

Product	Total	Unit	Value in U.S. $
Doom (*Hyhaene thebaice*)	28000	Sack	5763
Laloub (*Balanites aegyptiaca*)	111753	Sack	28710
Tabaldi (*Adansonia digitata*)	137475	Sack-de-husked	72813
Aradieb (*Tamarindus indica*)	305590	Sack	135864
Gudiem (*Grewia tenax*)	2805	Sack	8230
Nabag (*Ziziphus spina-christi*)	111140	Sack	36076

Fonte: NFC (2007) National Forestry Corporation. Relatório anual, Ministério da Agricultura e das Florestas. Cartum, Sudão.

1.1.1 Utilizações alimentares dos frutos indígenas

1.1.1.1 Preparativos do agregado familiar

Abdelmuti (1991) relatou que o fruto de tamarindo é utilizado como alimento para a fome no Sudão durante a fome de 1984. O gudeim *(Grewia tenax)* tem pequenos frutos castanhos avermelhados e as pessoas produzem uma bebida a partir da polpa do fruto e dão-na às mulheres grávidas (Vogt, 1995). As bebidas locais são preparadas de diferentes formas a partir da polpa do fruto de 'Aradaib' (*Tamarindus indica*), 'Gudeim' (*Grewia tenax*), 'tabaldi' (*Adansonia digitata*) e 'Lalob' (*Balanites aegyptiaca)* (Jens *et al.*, 2002).

1.1.1.2 Processamento industrial

Foram efectuados muitos trabalhos de investigação sobre a transformação de diferentes frutos indígenas no Centro de Investigação Alimentar. Saeed e Ahmed (1972) desenvolveram uma fórmula para a preparação de bebidas gaseificadas a partir de karkadeh calyces. Saeed e Ali (1975) prepararam compota de melancia de Kordufan. Saeed *et al.* (1976) prepararam compota a partir de frutos de Dalieb. Nour (1979) preparou extrato de karkadeh para fazer abóbora e compota. Também Ali (1985) preparou compota a partir de frutos de tamarindo.

Ahmed e Abd El Rahman (2003) prepararam compota a partir de cálices tenros de karkadeh. Saeed (2009) afirmou que os concentrados de tamarindo e de karkadeh foram produzidos industrialmente para o mercado local

1.1.2 Secagem de frutos indígenas

Jackson et al. (1970) registaram que o pó de karkadeh era produzido a partir da secagem do extrato de karkadeh para ser utilizado no fabrico de abóbora e compota.

Abdel Kareem (1975) preparou couro de tamarindo utilizando polpa de tamarindo com e sem sementes. Kheiri (2004) trabalhou num extrato de baobá que secou por pulverização até à forma de pó para ser utilizado como solução de reidratação caseira para crianças que sofrem de desidratação.

2.2 . Técnicas de secagem utilizadas para os frutos

Existem muitas técnicas de secagem utilizadas para a secagem de géneros alimentícios, incluindo frutos indígenas.

2.2.1 Técnicas de secagem ao sol

2.2.1.1 Métodos tradicionais de secagem ao sol

O sol é inesgotável do ponto de vista ambiental e, por conseguinte, a secagem ao sol é praticada desde a antiguidade. Além disso, o sol é a fonte de energia mais barata, uma vez que é quase gratuito. Normalmente, os frutos frescos, depois de serem pré-tratados, são carregados em tabuleiros e colocados ao sol no estaleiro de secagem durante dois a três dias até estarem quase secos (Cruess, 1958).

Os tempos de secagem dependem de vários parâmetros, incluindo a quantidade de luz solar, a humidade do ar, a velocidade do ar em movimento e o nível de humidade no alimento (Desrosier, 1970).

2.2.1.2 Utilização da energia solar

A secagem solar é uma tecnologia de baixo custo. É amplamente utilizada, tanto a nível comercial como a nível doméstico. Os secadores solares encurtam o tempo de secagem, preservam melhor os nutrientes dos alimentos e resistem ao vento, à chuva e à neve. A secagem solar melhora a eficiência energética e utiliza fontes de energia menos ou não poluentes e reduz os danos ambientais (Farkas, 2000; FAO, 2001).

El Saebaii *et al.* (2002) utilizaram um secador solar de convecção natural fabricado localmente para secar frutas e legumes, tais como uvas sem sementes, figos, ervilhas, tomates e cebolas. Os resultados experimentais mostraram uma boa qualidade dos produtos desidratados e um tempo de secagem mais curto. Mulokozi e Svanberg (2003) referiram que os vegetais de folha secos no secador solar retinham mais *β-caroteno* do que os vegetais secos ao sol tradicionalmente abertos, muito provavelmente devido à redução do tempo de secagem e à proteção contra a radiação UV.

Bala *et al.* (2005) relataram que o uso de um túnel de secagem solar levou a uma redução considerável no tempo de secagem e a uma melhor qualidade dos bulbos de jaca secos e do couro em comparação com os produtos secos ao sol. Os bulbos de jaca e o couro dentro do túnel secador solar secaram mais rapidamente porque receberam energia tanto do coletor quanto da radiação solar incidente. O produto seco ao sol recebeu energia apenas da radiação solar incidente e perdeu quantidades significativas de energia para o ambiente.

Demir e Sacilik (2010) referiram que a secagem de fatias de tomate utilizando um secador de túnel solar de convecção natural poupou cerca de 17,4% do tempo de secagem quando comparado com a secagem ao sol.

2.2.2 Secagem do armário

Trata-se de um secador de ar quente polivalente, operado por lotes. O sistema consiste num armário isolado, equipado com um ventilador, um aquecedor de ar e um espaço ocupado por tabuleiros de alimentos. Pode variar em tamanho, desde uma unidade à escala de bancada com um ou dois tabuleiros pequenos de alimentos até uma unidade grande com pilhas de tabuleiros grandes. Os pequenos secadores de armário são utilizados em laboratórios, enquanto as unidades maiores são utilizadas como secadores industriais (Brennan *et al.*, 2006; Brennan, 2006; Soknansanj e Jayes, 2006; Barbosa e Vega, 2006).

2.3 Alguns fenómenos relacionados com a desidratação dos alimentos

2.3.1 Reacções de escurecimento

O escurecimento é uma das principais alterações químicas que ocorrem durante o processo de secagem e armazenamento de alimentos, o que leva a uma deterioração acentuada da qualidade sensorial devido a reacções enzimáticas e não enzimáticas (Sapers, 1993). Se a alteração do escurecimento não for grande, a alteração da cor pode ser o único efeito percetível, mas quando a alteração avança mais, o sabor, a capacidade de reidratação e o teor de ácido ascórbico podem também ser afectados.

Uma cadeia complexa de reacções causadas pelo grupo Millard conduz a polímeros insolúveis. O dano, na verdade, é sempre o efeito combinado da temperatura e do tempo. A taxa de escurecimento também depende do teor de humidade do material (Van Arsdel et al., 1973; Fabiano, 2010).

O branqueamento é a exposição dos frutos a água a ferver ou a vapor durante um breve período, mas não é recomendado porque dá aos frutos um sabor a cozinhado.

O processo de branqueamento dos frutos destrói a atividade das enzimas de escurecimento.

Em vez do branqueamento, as enzimas dos frutos são inactivadas através da utilização de compostos químicos que interferem com a deterioração através de reacções químicas. Os produtos químicos de controlo mais utilizados são o metabissulfito de sódio e o ácido ascórbico (Wolf *et al.*, 1990).

Saxena *et al.* (2010) relataram que as fatias de bolbos de jaca secas por secador de armário perderam a sua cor amarela e tornaram-se acastanhadas durante a secagem.

2.3 .2 Retração

Uma porção de tecido celular animal ou vegetal no seu estado vivo apresenta as propriedades de paredes celulares "turger" sob tensão, conteúdo celular sob compressão. A estrutura da parede celular possui resistência e elasticidade mas, se a tensão unitária de tração aumentar para além de um valor bastante modesto, a estrutura cede, é irreversível. Após a remoção do estágio, o material esticado não volta a atuar até às dimensões originais do material.

A determinação plástica ocorre até certo ponto no tipo de secagem do tecido, exceto talvez na liofilização. Vários tipos de danos, como fissuras ou esmagamento do tecido, podem acompanhar o encolhimento (Van Arsdel *et al.,* 1973; Felllows, 2000; Brennan *et al.,* 2006; Singh e Heldman, 2006; Brennan, 2006).

2.3.3 Endurecimento por cementação

A migração de solutos para a superfície do material, que é responsável por uma dificuldade operacional e, por vezes, muito incómoda, é conhecida como endurecimento por cementação. Nalgumas condições, a migração de solutos para o exterior pode levar à formação de camadas superficiais resistentes, gomosas, vítreas ou coriáceas (Van Arsdel *et al.*, 1973; Felllows, 2000; Brennan *et al.*, 2006; Toledo, 2006; Wang e Brennan, 2006).

2.3.4 Perda de voláteis

Quando a água é vaporizada de um produto alimentício, o vapor de água que sai do secador invariavelmente carrega consigo pelo menos traços de cada constituinte volátil do alimento fresco, normalmente a consequência é a perda indesejada, desvantajosa e irreversível de suas características de sabor (Van Arsdel *et.al.*, 1973). Irwandi *et al.* (2005) relataram que a maioria dos componentes voláteis do couro da fruta Durian seca foram retidos quando o couro foi seco usando secador de gabinete e secador de forno. O couro de durião seco em estufa retém 71% dos componentes voláteis, enquanto o couro seco em forno retém 68% dos componentes voláteis.

2.3.5 Capacidade de reidratação

A reidratação é um processo de humedecimento de material seco. A maior parte das vezes, é efectuada através da aplicação de uma quantidade abundante de água. Na maioria dos casos, os alimentos secos são embebidos em água antes de serem cozinhados ou consumidos, pelo que a reidratação é um dos critérios de qualidade mais importantes. Na prática, a maioria das alterações durante a secagem são irreversíveis e a re-hidratação não pode ser considerada simplesmente como um processo reversível à desidratação. Em geral, a absorção de água é rápida no início e depois abranda. Esta rápida absorção de humidade deve-se à sucção superficial e capilar. (Lewicki, 2007). Rahman e Perera (2007) analisaram os factores que afectam o processo de reidratação. Os factores são a porosidade, os capilares e as cavidades perto da superfície, a temperatura, as bolhas de ar aprisionadas, o estado amorfo-cristalino, os sólidos solúveis, a secura, os aniões e o pH da água de demolha.

2.4 Aspectos de qualidade dos alimentos secos

Os principais parâmetros de qualidade associados aos produtos alimentares desidratados são a cor, o aspeto visual, a forma do produto, o sabor, a carga microbiana, a retenção de nutrientes, a densidade aparente da porosidade, a textura, as propriedades de reidratação, a atividade da água, a estabilidade química, os conservantes, a ausência de pragas, insectos e outros contaminantes, bem como a ausência de manchas e odores estranhos.

Estes parâmetros têm de cumprir as especificações dos clientes e os regulamentos dos diferentes países importadores e, muitas vezes, podem afetar negativamente a aceitabilidade dos produtos secos (Potter, 1986). Os produtos hortofrutícolas contêm compostos fenólicos, que são substratos para uma enzima que ocorre naturalmente na maioria dos tecidos vegetais, denominada polifenoloxidase. Durante a secagem, esta reação enzimática pode formar formas oxidadas de fenólicos, que se polimerizam para formar pigmentos castanhos durante a secagem, armazenamento e distribuição. Outras reacções químicas que podem ocorrer durante a secagem e o armazenamento são a reação de Millard, a caramelização e o escurecimento com ácido ascórbico (Perera, 2005).

2.5 Couros de frutos secos

Che Man e Sin (1997) afirmaram que o couro de fruta é um produto estabelecido, particularmente nos mercados norte-americano e europeu, mas é um produto relativamente desconhecido na Malásia. A secagem de fruta para fazer rolos ou peles oferece um método conveniente de comercialização de fruta que seria inaceitável para o mercado de fruta fresca. As peles de fruta podem ser uma alternativa aos produtos de confeitaria que causam cáries dentárias, não só às crianças mas também aos adultos. Sendo feitas a partir de frutos naturais, as peles de frutos têm toda a bondade e nutrientes do próprio fruto. As peles também podem ser consumidas como confeitos ou cozinhadas como molho. As peles de frutos são feitas a partir de uma grande variedade de frutos, sendo os mais comuns a maçã, o alperce, a banana, a cereja, a groselha, a uva, o pêssego, a pera, o ananás, a ameixa, a framboesa, o kiwi, o ciku, a manga e a papaia.

Os couros de frutos são fabricados através da secagem de purés de frutos em folhas de couro. O couro de fruta é fabricado através da secagem de uma camada muito fina de puré de fruta para obter um produto com uma textura mastigável semelhante ao couro macio. Depois de seco, o produto é retirado da superfície, enrolado e consumido como snack ou reidratado para fazer sumo de fruta (FAO, 1995; Henriette *et al.*, 2006).

2. 5.1 Tipos de peles de frutos

O couro de fruta mais famoso nos países islâmicos e árabes é o couro de alperce (12% de humidade), que é muito consumido durante o mês de jejum (Ramadão) como sumo de fruta reconstituído. Alguns destes países adicionam açúcar ao couro para melhorar o seu valor energético e vida útil. Foda *et al.* (1972) relataram que, três por cento de sacarose e um por cento de metabissulfito de sódio foram adicionados à polpa de damasco e secos ao sol. Harvey e Cavattole (1978) prepararam couro de papaia a partir de puré de papaia, adicionaram açúcar e bissulfito de sódio e secaram num forno forçado até o teor de humidade atingir cerca de 12-13%. Collins e Hutsell (1987) relataram que o couro vegetal pode ser feito de batata-doce usando diferentes ingredientes em quatro formulações diferentes. Esses ingredientes incluíam leite evaporado, sal, margarina, puré de ananás em lata, canela em pó, puré de maçã, mel e xarope de milho com alto teor de frutose. A humidade das formulações era de 6, 5,9, 6,3 e 5,4%. As formulações mostraram estabilidade contra a deterioração por microorganismos durante o período de armazenamento (60 dias). Irwandi e Che Man (1996) afirmaram que o couro de duraína pode ser preparado a partir de arilo de duraína, sacarose, maltodextrina, óleo de palma hidrogenado, lecitina de soja e ácido sórbico. Che Man e Sin (1997) referiram que o couro de jaca pode ser preparado a partir da parte floral não fertilizada da jaca, xarope de glucose, açúcar, água, metabissulfato de sódio e ácido sórbico e que o teor de humidade do couro de jaca era de 12%. Irwandi *et al.* (1998) prepararam couro de durião a partir de puré de fruto de durião, xarope de glucose, óleo de palma hidrogenado, sacarose, lecitina de soja e corante amarelo ovo. Mohamed (1999) desenvolveu couro de manga a partir de algumas variedades de manga do Sudão, o couro de manga continha puré de manga, sacarose e metabissulfato de sódio como conservante. Ekanayake e Bandera (2002) desenvolveram couro de banana contendo 15 % de açúcar. O couro de pera foi feito a partir de sumo de pera concentrado e misturado com três níveis de pectina, água e xarope de milho, sendo depois seco num forno de convecção

forno (Huang e Hsieh, 2005). Henriette *et al.* (2006) prepararam pele de fruta a partir de polpa de manga pura sem adição de açúcar e conservantes químicos.

Jain e Nema (2007) prepararam peles de frutos de três cultivares diferentes de goiaba utilizando três níveis diferentes de açúcar e as peles foram secas à luz do sol.

2.5.2 Condições de secagem para a produção de peles de frutos

O controlo das condições de secagem para a produção de peles de frutos é muito importante.

2.5.2.1 Temperatura de secagem

A secagem de materiais alimentares húmidos é um processo complicado que envolve fenómenos simultâneos de transferência de calor e massa, que ocorrem no interior do material alimentar a secar. A temperatura de secagem depende do tipo de secador utilizado (Yilbas *et al.*, 2003; Brennan et al., 2006).

2.5.2.2 Carga de puré de fruta

Uma vez que o puré de fruta é uma camada demasiado fina, pode tornar o produto quebradiço e difícil de ser retirado da superfície. Em contrapartida, uma camada espessa de puré resulta numa taxa de secagem muito baixa (Ekanayake e Bandara, 2002; Henriette *et al.* ,2006).

2. 5.2.3 Tabuleiros de secagem

Os tabuleiros para secagem ao sol ou desidratação de polpa de fruta devem ter uma base sólida para reter o conteúdo líquido e ser cobertos no interior por uma folha de película plástica. Podem ser de metal, de madeira ou de plástico. Os tabuleiros de aço inoxidável ou de plástico são os mais adequados porque não são afectados pela polpa ácida dos frutos, mas são caros. Qualquer tabuleiro que não seja feito de aço inoxidável ou de plástico deve ser coberto, no seu interior, com uma folha de película de plástico de grande espessura para proteger a polpa de contaminação química ou bacteriológica e deve ser barrado com glicerol para reduzir a sua aderência (FAO, 1995).

2.5.2.4 Acondicionamento do produto final

Os produtos secos são embrulhados em celofane para evitar que se colem, colocados dentro de sacos de polietileno e armazenados em recipientes estanques à prova de vapor de humidade, tais como frascos de vidro, latas de café, sacos de plástico para congelação e caixas de cartão, e bem fechados para evitar a transferência de humidade. Recomenda-se o acondicionamento em recipientes à prova de humidade, pois uma embalagem ou materiais de acondicionamento inadequados podem permitir a transferência de oxigénio para os produtos e causar a formação de sabores desagradáveis e a transferência de humidade (FAO, 1995; Irwandi *et al.*, 1998; David e Thirumaran, 2002).

2.6 Condições de armazenamento de produtos alimentares secos

A humidade relativa ideal para a armazenagem de produtos secos é de 55-70%, dependendo do teor de humidade do produto, que varia de 2 a 20%. Estes produtos devem ser armazenados num local seco, fresco e escuro, de modo a conservar o seu aroma, sabor e vitaminas até um ano. Um local de armazenamento quente pode acelerar a perda de sabor. Um ambiente húmido favorece a aglomeração, a mudança de cor e a infestação por insectos e o crescimento de bolores (Perera, 2005).

2.6.1 Factores que afectam a estabilidade de conservação dos produtos secos

2.6.1.1 Dióxido de enxofre como aditivo

Os frutos secos e alguns legumes são cuidadosamente tratados com sulfito para manter a sua cor durante um longo período de armazenamento. Dentro de certos limites, as taxas de escurecimento, particularmente no caso dos frutos secos, são inversamente proporcionais ao teor de sulfito do produto. Consequentemente, quaisquer condições que acelerem a perda de sulfito ajudarão a intensificar o escurecimento do produto (Schrader e Thompson, 1947; Bolin e Boyle, 1972).

2.6.1.2 Temperatura de armazenamento dos produtos finais

Os frutos secos, os legumes e os seus produtos devem ser armazenados a uma temperatura relativamente baixa para maximizar a sua vida útil. Durante o armazenamento, os produtos não só ficam castanhos como também absorvem oxigénio e libertam dióxido de carbono. A transferência destes gases para fora do produto quadruplica por cada 10º C de aumento de temperatura. Por conseguinte, a temperatura de armazenamento é de importância vital para a manutenção da qualidade dos alimentos secos (Salunkhne, 1976).

Em armazenamento abaixo de 15º C não se observam alterações no sabor após 12 meses, mas a 32º C o sabor deteriora-se acentuadamente após 9 meses. Assim, a temperatura de armazenamento é muito importante porque reduz ou inibe a velocidade de todos os processos (físicos, químicos, biológicos e microbianos), o que prolonga os períodos de armazenamento. A temperatura de armazenamento deve ser inferior a 25º C, de preferência mantida a 15º C. A faixa de temperatura de 0-10º C ajuda a manter a cor, o sabor e a taxa de reidratação da água e também, até certo ponto, a retenção de vit.C (Huggart e Wenzel, 1955; FAO, 1995).

2.6.1.3 Teor de humidade

O teor de humidade é um dos principais factores que influenciam a estabilidade de armazenamento dos alimentos secos. É bem sabido que uma humidade elevada nos produtos secos diminui a sua estabilidade de armazenamento. O nível de humidade a que os frutos secos teriam a vida útil desejada depende da redução da humidade disponível para menos de 25%, a partir da qual o crescimento microbiano é estável (Hulume, 1971).

Os frutos secos são estáveis a um teor de humidade mais elevado do que os legumes secos porque os açúcares e ácidos naturais concentrados nos frutos secos funcionam como conservantes (Wolf *et al.,* 1990).

2.6.1.4 Efeito do voo nos produtos secos

A luz é de facto prejudicial para os frutos e legumes desidratados.

Um estudo exaustivo investigou o efeito da iluminação prolongada em alperces, pêssegos e maçãs desidratados em películas transparentes armazenadas a 32,2° C.

Verificou-se que a perda de dióxido de enxofre e a taxa de escurecimento dos pêssegos e damascos quase não eram afectadas pela luz.

Por outro lado, a luz aumenta a perda de dióxido de enxofre e intensifica o escurecimento das maçãs (Bolin *et al.*, 1964; Brennan, 2006).

2.7 Deterioração dos frutos secos durante a armazenagem

Os frutos secos devem ser considerados como um produto relativamente perecível na categoria dos cereais, leguminosas e produtos armazenados semelhantes. Estão sujeitos a deterioração resultante do crescimento de bolores, da infestação de insectos e ácaros e de alterações físicas e químicas.

2.7.1 Crescimento de leveduras e bolores

Quando se permite que o teor de humidade dos frutos secos ultrapasse o nível máximo permitido para uma armazenagem segura, pode ocorrer o crescimento de bolores. Várias espécies de fungos resistentes à seca podem desenvolver-se nos frutos secos quando o teor de humidade é ligeiramente superior ao nível de segurança e um certo número de leveduras osmofílicas estão muito frequentemente associadas à deterioração dos frutos secos. Muitas das leveduras provocam a fermentação com a produção de bactérias de ácido lático ou álcool e as leveduras estão frequentemente presentes em crescimentos cristalinos semelhantes a verrugas que ocorrem em frutos que se tornaram açucarados. Em frutos muito húmidos, os fungos mucoráceos podem predominar e são visíveis como crescimentos brancos e fofos sobre e dentro do fruto (FAO, 1995).

2. 7.1.2 Infestação de ácaros

As infestações graves de ácaros estão frequentemente associadas ao crescimento de leveduras osmofílicas na fermentação de produtos de frutos secos. Muitos destes ácaros são incapazes de completar o seu desenvolvimento na ausência de levedura. Foram relatados como ocorrendo em frutos secos, particularmente figos e ameixas secas nos países mediterrânicos. Estas infestações são difíceis de erradicar e afectam a aceitação dos produtos contaminados por parte dos consumidores (FAO, 1995).

2.7.1.3 Infestação por insectos

A infestação por insectos pode começar no campo antes da colheita, pode continuar durante a armazenagem a granel após a secagem e, a menos que sejam tomadas medidas para a evitar, pode ocorrer no produto acabado embalado durante a armazenagem antes da distribuição e do consumo. Para combater a infestação ligeira de insectos, é necessário proceder a tratamentos regulares da pilha de frutos secos com um inseticida adequado, como rotina (FAO, 1995).

2.8 Estabilidade das peles de frutos durante o armazenamento

A deterioração da qualidade do couro da fruta durante o armazenamento deve-se principalmente à deterioração microbiana e a alterações bioquímicas, pelo que manter a qualidade intacta durante o armazenamento constitui um desafio. Che Man e Sin (1997) relataram que as características físico-químicas do couro de jaca embalado em três tipos de materiais de embalagem (pp, pvc e laf) provaram ser uma barreira à difusão do vapor de água, impedindo assim o crescimento de microrganismos durante o período de armazenamento (3 meses) à temperatura ambiente. Todas as amostras não mostraram grandes alterações na cor e no teor de humidade durante o armazenamento. Esta estabilidade pode dever-se ao longo tempo de cozedura da jaca, que destrói a enzima que provoca o escurecimento enzimático. O metabissulfito de sódio também ajudou a evitar o escurecimento enzimático. A contagem de bolores e leveduras foi baixa devido ao baixo teor de humidade das folhas.

Henriette *et al.* (2006) demonstraram que o teor de humidade do couro de manga era de 17,2% e que o seu pH era de 3,8, inferior ao limite inferior para o crescimento bacteriano (4,0), o que permitiu que o produto fosse microbiologicamente estável durante pelo menos 6 meses, sem necessidade de conservantes químicos.

2.9 Planta de tamarindo

2.9.1 Origem

A árvore de tamarindo (*Tamarindus indica L.)* é nativa das savanas secas da África tropical (Placa 1). Nos tempos antigos, a árvore foi introduzida na Ásia por comerciantes árabes com o seu fruto de sabor agradável e ácido. Foi adoptada com tanto entusiasmo, especialmente no subcontinente, que atualmente os nomes botânicos e comuns da planta indicam a sua associação com a Índia.

Há muito tempo que o tamarindo chegou ao novo mundo, provavelmente trazido com as primeiras remessas de escravos da África Ocidental. Nas Caraíbas e na América Latina, a planta é muito apreciada, tal como em África e na Ásia, pela polpa suculenta e agridoce que enche as suas vagens. No entanto, a Índia continua a ser o único país que explora extensivamente o tamarindo, onde são colhidas anualmente mais de 250 000 toneladas, das quais 3000 t são exportadas para a Europa e a América do Norte para utilização em molhos para carne e bebidas (Gunasena e Hughes, 2000).

Placa 1. Árvore de tamarindo

A árvore de tamarindo é cultivada principalmente como ornamental e para sombra, mas tem sido utilizada como alimento para a fome e para fins medicinais. O tamarindo é uma árvore bonita, de textura fina, e constitui uma excelente árvore de sombra em grandes paisagens. É frequentemente plantado em parques públicos e como árvore de avenida em árvores tropicais. Praticamente todas as partes da árvore (madeira, raiz, folhas, casca e frutos) têm algum valor no comércio e, nomeadamente, na subsistência das populações rurais. O nome tamarindo deriva do nome árabe **tamar hind** que significa tâmara da Índia (Morton, 1987).

No Sudão, o tamarindo cresce em estado selvagem na maioria dos estados do país, especialmente no Cordofão do Sul e no Darfur do Sul, e quando a fome ocorreu nos anos oitenta, o fruto do tamarindo foi consumido como alimento de fome em ambos os estados, onde as condições são mais favoráveis ao crescimento da espécie.

Existem várias formas diferentes de utilização como alimento, por exemplo, as folhas verdes eram misturadas com sésamo moído ou noz moída e utilizadas como salada, enquanto a polpa de fruta era misturada com papas. A polpa do fruto também era utilizada para fazer uma bebida refrescante que é boa para reduzir febres e também como laxante. Os frutos verdes eram cozidos e consumidos como salada (Abdelmuti, 1991).

2.9.2 Adaptação

O tamarindo está bem adaptado às condições tropicais semiáridas, embora se desenvolva bem em muitas áreas tropicais húmidas do mundo com uma precipitação sazonalmente elevada. As árvores jovens são muito susceptíveis à geada, mas as árvores maduras suportam breves períodos de 28° F sem ferimentos graves. O tempo seco é importante durante o período de desenvolvimento dos frutos (Gunasena e Hughes, 2000).

2.9.3 Infestação de pragas

As árvores de tamarindo são susceptíveis de serem atacadas por um grande número de insectos nocivos. As principais pragas que atacam o tamarindo incluem as brocas, os escaravelhos, as lagartas que se alimentam das folhas, as lagartas do saco, as cochonilhas e as cochonilhas. Alguns destes insectos atacam os botões florais e os frutos e sementes em desenvolvimento, enquanto outros danificam os frutos durante o armazenamento (Coronel, 1990).

2. 9.4 Composição química da polpa de tamarindo

As características mais marcantes do tamarindo é a sua acidez que é devido principalmente ao ácido tartárico (ácido 2, 3- dihidroxibutanodióico, СдН6Об) variando de 12,3- 23,8%, o que é incomum em outros tecidos vegetais (Ulrich, 1970). Embora o ácido tartárico ocorra em outras frutas ácidas, como uvas, toranja e framboesas, ele não está presente em proporções tão altas como no tamarindo e geralmente é encontrado em cultivares de tamarindo azedo.

Na Tailândia, as cultivares de tamarindo doce são cultivadas, onde o teor de ácido tartárico variou de 2,0 a 3,2% e o teor de açúcar foi tão alto quanto 39,147,7% (Feungchan *et al.*, 1996). Os açúcares totais e o teor de ácido tartárico foram relatados como sendo de 41,2% e 8-18%, respetivamente, em cultivares de tamarindo azedo (The Wealth of India, 1976; Meillon, 1974; Duke, 1981; Ishola *et al*, A polpa castanha comestível é rica em açúcar (cerca de 20-30%), sendo os açúcares redutores os principais açúcares (glucose e frutose) e o nível de sacarose é baixo em comparação com o nível de açúcares redutores, tem um sabor ácido agradável devido à presença de ácido tartárico (Siliha e Askar, 2000). Meillon (1974); Duke (1981) e Ishola *et al.* (1990) referiram que os açúcares redutores se encontravam na gama de 2545%. Coronel (1991); Feungchan *et al.* (1996) e Shankaracharya (1998) referiram que o teor de humidade do fruto de tamarindo era de 17-35%. O teor de proteínas varia entre 2-8,79%, conforme relatado por (Ishola *et al.*, 1990; Coronel, 1991; Feungchan *et al.*, 1996; Shankaracharya, 1998).

O conteúdo de fibra na faixa de 2,2 - 18,3% como afirmado por (Ishola *et al.*, 1990; Coronel, 1991; Feungchan *et al.*, 1996; Shankaracharya, 1998). O conteúdo de ácido ascórbico do tamarindo é muito pequeno e varia de 2-20 mg/100g (Leung e Flores, 1961; Lefevre, 1971; Meillon, 1974; Anon, 1976; Duke, 1981; Ishola *et al.*, 1990). A polpa de tamarindo não contém quaisquer quantidades detectáveis de ácido fítico (Ishola *et al.*, 1990).

A polpa de tamarindo é rica em minerais, com alto teor de potássio (62-570mg/100g); fósforo (186-190 mg/100g); cálcio (81-466 mg/100g) e uma boa fonte de ferro (Leung e Flores, 1961; Marangoni *et al.*, 1988; Ishola *et al.*, 1990; Bhattacharyya *et al.* 1983 e Saka e Msonthi, 1994). O conteúdo total de cinzas foi encontrado na faixa de 2-3,9% como afirmado por (Ishola *et al.*, 1990; Coronel, 1991; Feungchan *et al.*, 1996 e Shankaracharya, 1998).

2. 9.5 Utilizações industriais do tamarindo

2. 9.5.1 Polpa de frutos

O tamarindo é cultivado principalmente pela sua polpa (placa 2), que é utilizada para preparar uma bebida e para dar sabor a confeções, caris e molhos, e é transformada em conservas e xaropes. O Jugo ou Fresco de Tamarindo é uma bebida favorita em muitos países da América Latina e é engarrafada comercialmente em alguns deles (James, 1981).

O extrato de tamarindo é utilizado como um dos ingredientes na preparação de uma bebida fermentada tradicional sudanesa (Hulu Mur) para proporcionar acidez e melhorar a perceção dos sabores (Agab, 1985). O pó de tamarindo é um dos alimentos de conveniência desenvolvidos a partir do tamarindo através de métodos modernos de processamento de alimentos. É convenientemente utilizado como agente acidificante na preparação culinária de rasam, sambar, mistura de puliogare, molhos e chutney. (Manjunath *et al.,* 1991; Ahmed, 2009).

Prato 2. Fruto do tamarindo

O extrato de tamarindo do fruto é utilizado como substituto do ácido fosfórico, do ácido cítrico e de outros ácidos que são adicionados aos refrigerantes. As bebidas que contêm o extrato têm um prazo de validade melhorado, em resultado do baixo pH, e também um perfil de sabor equivalente ou melhor do que as bebidas adoçadas com aspartame (Linda, 1995; Zoblocki e Pecore, 1996; Mustafa, 2007). O extrato de tamarindo rico em aromas tem sido amplamente utilizado como bebida no Egipto e na Índia (Askar et al., 1987).

O concentrado de sumo de tamarindo (TJC) é um produto de conveniência fácil de dispersar e reconstituir bem em água quente. O concentrado é higiénico e pode ser bem armazenado durante longos períodos. É produzido através da extração da polpa de tamarindo em água a ferver, filtrada e concentrada sob vácuo, até obter uma consistência semelhante à de uma compota e depois enchida em garrafas ou latas (Anon, 1982; Shankaracharya, 1998).

Allian *et al.* (1983) estudaram o efeito bacteriostático do tamarindo. A extração de etanol do fruto de tamarindo foi o inibidor mais eficaz contra todos os organismos testados em refrigerantes. Também se podem fazer pickles e pastas a partir do fruto do tamarindo (Anon, 1982).

As técnicas de extração e processamento para a preparação de polpa de tamarindo enlatada e o fabrico de refrigerantes de tamarindo foram relatadas por (Bueso, 1980). A produção de vinho e vinagre a partir de frutos de tamarindo foi também relatada por (Maldonado *et al.*, 1975). Um processo de fabrico de bebidas, xarope, sumo, licor e extractos sólidos à base de tamarindo foi desenvolvido por Meillon (1974). Bebidas, xaropes e concentrados prontos a servir (RTS) de boa qualidade foram preparados a partir de frutos de tamarindo. Todos estes produtos foram conservados de forma satisfatória e armazenados a 33° C durante mais de 180 dias sem afetar a sua qualidade (Kotecha e Kadam, 2003).

2.9.5.2 Sementes de tamarindo

A principal utilização industrial das sementes de tamarindo (Plate3) é o fabrico de pó de semente de tamarindo, que é um importante

Prato 3. Semente de tamarindo

material para a juta e os têxteis. As sementes também estão a ganhar importância como uma fonte rica em proteínas e aminoácidos valiosos (Anon, 1984). Além disso, o miolo das sementes tem sido utilizado como alimento em tempos de escassez, quer sozinho quer misturado   com farinhas de cereais.

Os polissacáridos obtidos por extração da amêndoa das sementes de tamarindo formam dispersões mucilaginosas com água e possuem a propriedade caraterística de formar géis com concentrados de açúcar, tal como as pectinas de frutos. No entanto, os polissacáridos do tamarindo, a pectina do fruto, são capazes de formar géis numa vasta gama de pH, incluindo condições de pH neutro e básico (Rao, 1948; Arthur, 1968; The wealth of India, 1976; Bhattacharyya *et al.*, 1983).

Os extractos de sementes de tamarindo foram considerados enriquecidos em xiloglicanos como agente ativo num produto cosmético e / ou farmacêutico para uso tropical para a pele e / ou outras partes expostas do corpo (Pauly, 1999). A Tabela.2 mostra vários produtos fabricados a partir da polpa e das sementes do fruto do tamarindo.

2. 9.6 Utilizações medicinais da polpa do fruto do tamarindo

As utilizações medicinais do tamarindo são incontáveis. A polpa tem sido utilizada para muitos fins medicinais e continua a ser utilizada por muitas pessoas em África, na Ásia e na América. As preparações de tamarindo são universalmente reconhecidas como refrigerantes nas febres e como laxantes e carminativos. Sozinha ou combinada com sumo de lima, mel, leite, tâmaras, especiarias ou cânfora, a polpa é considerada eficaz como digestivo, mesmo para os elefantes, e como remédio para a biliosidade e os distúrbios biliares. Nas práticas nativas, a polpa é aplicada em inflamações, utilizada em gargarejos para dores de garganta, em curativos de feridas e misturada com sal como linimento para reumatismo (Benthal, 1933; Dalziel, 1937).

Durante anos, em muitos países, a polpa do fruto foi utilizada, com razão, como antiescorbútico, no Brasil como diaforético, emoliente,

Quadro 2. Lista de produtos preparados a partir de frutos e sementes de tamarindo

Product	Yield (%)
Tamarind juice concentrate (TJC)	75-80
Tamarind pulp powder (TPP)	80-85
Tamarind kernel powder (TKP)	55-65
Tartaric acid (TA)	8-10
Pectin	2.0-3.5
Tartrates	10-12
Alcohol	10-13

Fonte: Lewis *et al.*, (1954); The Wealth ofIndia, (1976)

purgativo e para as hemorróidas. Na Eritreia, a polpa é vendida para disenteria e malária; na Indonésia para alimentação capilar; em Madagáscar para vermes e distúrbios estomacais; nas Maurícias como linimento para reumatismo; no Tanganica para mordedura de cobra; no Sri Lanka para iterícia, doenças oculares e úlcera e no Camboja para conjuntivite (Duke, 1981).No Sudeste Asiático, a polpa é prescrita para neutralizar os efeitos nocivos de overdoses de chaulmoogra (*Hydnocarpus anthelmintica* Pierre), que serve para tratar a lepra (Gunasena e Hughes, 2000). A polpa também é eficaz para livrar os animais domésticos de parasitas na Colômbia, através da aplicação de polpa com manteiga e outros ingredientes (Morton, 1987).

CAPÍTULO 3
MATERIAIS E MÉTODOS

3.1 Materiais

Os frutos de tamarindo (vagens) de cultivares locais em plena maturidade foram adquiridos num mercado sudanês (mercado de Elobuid) na época 2005-2006. Outros ingredientes utilizados no estudo incluíram açúcar branco comercial adquirido no mercado local do estado de Cartum. Os reagentes químicos utilizados neste estudo eram todos de grau analítico, provenientes dos armazéns do Centro de Investigação Alimentar, Corporação de Investigação Agrícola, Sudão.

3.2 Métodos

3.2.1 Preparação das matérias-primas

Os frutos de tamarindo (vagens) foram seleccionados, limpos de matérias estranhas e fibras externas, embalados em sacos de plástico e armazenados a 45^0 F até à sua utilização.

3.2.2 Etapas de processamento

Tamaridina é o nome escolhido para a polpa de tamarindo desidratada recentemente desenvolvida e transformada numa forma de couro ou folha. O processamento laboratorial da tamaridina inclui as seguintes etapas:

3.2.2.1 Preparação da polpa de tamarindo

Um kg de frutos de tamarindo foi embebido em água da torneira utilizando três proporções diferentes de frutos para água (1:4; 1:5 e 1:6) e deixado durante 3 horas à temperatura ambiente. A mistura foi agitada com um misturador elétrico para ajudar a separar as sementes da polpa, e despolpada com um despolpador (Modelo: Reeves, tamanho: IVIF-18). A polpa recuperada foi cozinhada numa chaleira aberta de camisa dupla até se tornar um puré (Mircea, 1995).

O puré de tamarindo foi então dividido em quatro porções, três das quais foram tratadas com 3 níveis de açúcar (5, 10 e 15%) e a quarta foi deixada como controlo. Os purés tratados foram então colocados em tabuleiros de secagem (aço inoxidável) com uma base sólida (dimensões de 51×39 cm e 3 cm de profundidade).

3.2.2.2 Sistemas de desidratação utilizados

Os tabuleiros carregados foram secos numa forma de couro "Tamaridin" utilizando três sistemas de secagem;

(a) A secagem à sombra foi efectuada numa área naturalmente bem ventilada dentro de um laboratório com dimensões de 12×5×3 m, com uma temperatura interior de 35 ±10° C e uma humidade relativa de 25-35%.

(b) Estufa de secagem por convecção de ar (Gallenkamp, modelo O.V -160). Esta estufa foi utilizada como um pequeno secador de armário para o processo de desidratação. A estufa é constituída por 6 prateleiras com dimensões de 20 × 19,5 cm e a dimensão da estufa é de 42,5 × 31,5 × 50 cm. O puré tratado foi seco a uma temperatura de 70 ºC.

(c) Secador solar que é um protótipo de secador solar de armário circulado (Placa 4) realizado utilizando um coletor de calor de placa plana inclinada com um armário de secagem colocado na extremidade superior, onde a temperatura média era de 54±4OC.

3.2.3 Condições de armazenamento e estabilidade

Para determinar o efeito do armazenamento sobre a estabilidade e o prazo de validade dos couros de tamarindo, as amostras foram embaladas em sacos de acetato de celulose (placas 5 e 6) e cuidadosamente armazenadas durante seis meses à temperatura ambiente de 25-30 ºC NO laboratório. A qualidade de armazenamento dos couros de tamarindo desenvolvidos foi sistematicamente estudada através da avaliação das alterações físicas, químicas e microbianas que ocorrem no couro de tamarindo durante o armazenamento.

Placa 4. Secador solar

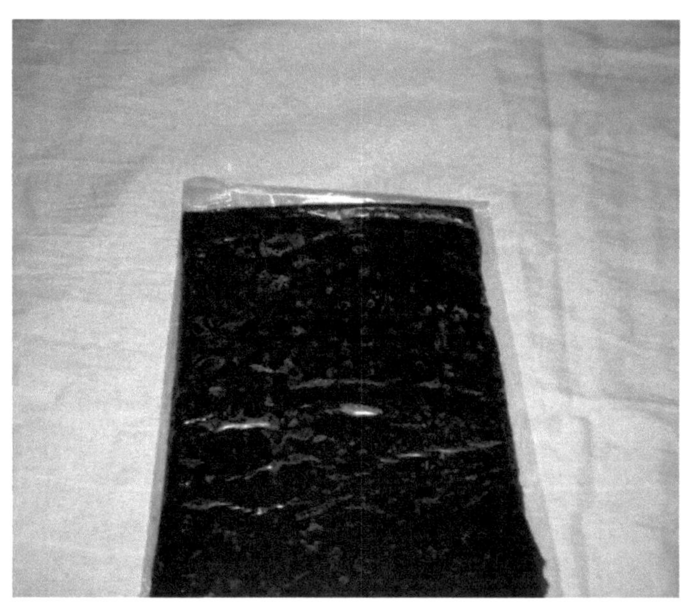

Placa 5. Couro de tamarindo seco com um secador de armário

Placa 6. Couro de tamarindo seco com o secador solar

3 .2.4 Composição física e química do fruto do tamarindo

3.2.4.1 Teor de humidade

O teor de humidade dos frutos de tamarindo foi determinado de acordo com o método descrito pela A.O.A.C (1984). Cinco gramas de tamarindo

Os frutos foram cortados em pequenos pedaços e espalhados uniformemente em pratos de metal contendo alguns gramas de areia. Foram adicionadas algumas gotas de água destilada e o conteúdo foi bem misturado sob a forma de uma pasta e depois seco numa estufa de ar (Modelo ELETRO HELLOS) durante 24 horas a 65 +1 oc. O teor de humidade da amostra foi calculado de acordo com a seguinte equação:

$$(\%) = \frac{W_1 - W_2 \times 100}{W_0}$$

Teor de humidade

Onde:

W_t = o peso original da cápsula, da areia e da amostra.

W_2 = peso da cápsula, da areia e da amostra após secagem.

W_o = peso original da amostra.

3.2.4.2 Teor de cinzas

O teor de cinzas dos frutos de tamarindo foi determinado de acordo com o método A.O.A.C. (1984). Um peso adequado de amostra (5 gramas) foi colocado em cadinhos de cinzas e aquecido a 100^0 C até à evaporação da água livre, os cadinhos foram depois colocados numa mufla a 525 0C e deixados até se obterem cinzas brancas. O teor de cinzas foi calculado em percentagem do peso original da amostra.

3.2.4.3 Teor de minerais

Quatro minerais, nomeadamente cálcio, potássio, ferro e fósforo nas cinzas do fruto do tamarindo foram estimados de acordo com o método padrão. Os minerais foram determinados utilizando um aparelho de absorção atómica, Perkin Elmer (modelo 3100).

As cinzas foram dissolvidas em 5 ml de HC1 (20%), a solução foi aquecida para dissolver quaisquer resíduos, filtrada através de papel de filtro lavado com ácido e depois o volume foi completado para 50 ml num balão volumétrico.

3.2.4.4 Teor proteico

O azoto foi determinado pela técnica macro-Kjeldahl, de acordo com o método descrito pela A.O.A.C. (1984). Dois gramas de amostra foram transferidos para um balão de digestão e 0,8 gramas de mistura catalisadora (96% de sulfato de sódio anidro, 3,5% de sulfato de cobre e 0,5% de dióxido de selénio) foram adicionados a cada balão, para além de 7 ml de H2So4 conc. e 5 ml de H2o2 (3,5% de catalisador). O azoto foi recolhido em ácido bórico e titulado com HCl 0,1 N. O azoto bruto foi calculado de acordo com a seguinte equação:

%N = T.V×14×N×100/ 1000×peso da amostra

Onde:

T.V = Valor do título

N = Normalidade do HCl

% de teor proteico = %N× fator proteico

3.2.4.5 Teor de fibras

O teor de fibras foi determinado de acordo com o método da A.O.A.C. (1984), utilizando um sistema de determinação de fibras da seguinte forma: Dois gramas de amostra de tamarindo moído foram transferidos para um aparelho de extração e extraídos com hexano; a amostra isenta de gordura seca ao ar foi transferida para o copo de fibras e depois transferida para o extrator térmico do sistema de fibras. A amostra foi então digerida com H2SO4 pré-aquecido (1,25%) durante 30 minutos. Depois de lavar a amostra duas vezes com água quente, a digestão foi repetida utilizando KOH (1,25%) pré-aquecido durante 30 minutos. A amostra foi novamente lavada com água quente. Em seguida, a amostra foi transferida para uma estufa a 103 + 2^0 C durante a noite. A amostra foi deixada arrefecer e novamente pesada. A amostra foi então incinerada numa mufla a 450^0 C, deixada arrefecer e novamente pesada. A fibra bruta foi calculada utilizando a seguinte equação:

$$\% \text{ Fiber} = \frac{\text{Loss in weight on ignition}}{\text{Weight of sample}} \times 100$$

3.2.4.6 Teor de açúcares

Os tipos de açúcares das matérias-primas sacarose, glucose e frutose foram identificados e quantificados de acordo com Bogdanov e Baumann (1988). Após filtração da solução, o teor de açúcar é determinado por HPLC (Cromatografia Líquida de Alta Pressão; modelo: SHIMADZU - Detetor de índice de refração: RID - 10 A, Bomba: LC - 10 AD VP, Auto injetor: SIL - 10 AD VP, forno de coluna: CTO - 10 AD VP e controlador do sistema: SCL - 10 AD VP) com deteção de Rl. Os picos são baseados nos seus tempos de retenção. A quantificação foi efectuada de acordo com o método do padrão externo nas alturas das áreas dos picos.

Pesaram-se cinco gramas de amostra num copo e dissolveram-se em 40 ml de água destilada. Deitaram-se 25 ml de metanol num balão volumétrico de 100 ml e transferiu-se quantitativamente a amostra para o balão, completando o volume com água destilada. A solução foi então vertida através de um filtro de membrana, recolhida em frascos de amostra e armazenada como solução-padrão.

Deitaram-se 25 ml de metanol num balão aferido de 100 ml para preparar soluções-padrão puras de açúcar. Dependendo dos açúcares a analisar, a quantidade de açúcares (~ 5 gramas) foi dissolvida em cerca de 40 ml de água destilada, transferida quantitativamente para o balão e enchida até à marca com água destilada. Utilizou-se uma seringa e um filtro de membrana pré-montado para transferir a solução para os frascos de amostras.

Os açúcares foram identificados e quantificados por comparação dos tempos de retenção e da área do pico dos açúcares da amostra com os dos açúcares padrão.

A percentagem mássica dos açúcares [W (grama/100 grama)] foi calculada de acordo com a seguinte fórmula

$$W = \frac{A_1 \times V_1 \times m_1 \times 100}{A_2 \times V_2 \times m_0}$$

Onde:

A_i = Área ou altura dos picos do composto de açúcar em causa na solução da amostra, expressa em unidades de área, comprimento ou integração.

A_2 = Altura das áreas dos picos do composto de açúcar na solução-padrão, expressa em unidades de área, comprimento ou integração.

V_i = Volume total da solução da amostra, em ml.

V_2 = Volume total da solução-padrão, em ml.

m_i = Quantidade de massa de açúcar, em gramas, no volume total do padrão (V_2).

m_0 = Peso da amostra em gramas.

3.2.5 Propriedades físicas da polpa de tamarindo

3.2.5.1 Sólidos solúveis totais

Os sólidos solúveis totais **(SST)** da polpa de tamarindo foram determinados de acordo com o método A.O.A.C. (1984). O SST da polpa de tamarindo foi determinado utilizando um refratómetro manual.

3.2.5.2 Sólidos totais (TS)

Os sólidos totais da polpa de tamarindo foram determinados utilizando o mesmo método de teor de humidade (MC %) que o mencionado anteriormente.

TS = 100- Teor de humidade da pasta.

3.2.6 Análises físicas e químicas dos couros de tamarindo

3.2.6.1 Sólidos solúveis totais

Os sólidos solúveis totais (SST) do couro de tamarindo foram determinados de acordo com o método da A.O.A.C. (1984). Dez gramas de couro de tamarindo foram embebidos em 100 ml de água destilada durante 30 minutos. A mistura foi então homogeneizada por um misturador de laboratório. Os sólidos solúveis totais foram determinados de acordo com a seguinte fórmula: % de sólidos solúveis totais = MS/ W

Onde:

S = % de sólidos solúveis na amostra diluída, medida pelo refratómetro manual

M = peso da amostra + peso da água destilada

W = peso da água destilada

3.2.6.2 pH

O pH da tamaridina foi medido utilizando o medidor de pH Hanna (modelo HI 8521) à temperatura ambiente. Cinco gramas da amostra foram diluídos com 50 ml de água destilada e, em seguida, filtrados com um papel de filtro (n.º 1) antes da determinação do pH.

3.2.6.3 Acidez titulável

A acidez titulável (AT) do couro de tamarindo foi determinada de acordo com o método descrito por Ranganna (1977). Dez gramas da amostra foram diluídos com 150 ml de água destilada, agitados durante 15 minutos e depois filtrados com papel de filtro (n.º 1). Titularam-se 10 ml deste último volume com hidróxido de sódio 0,1 N, utilizando fenolftaleína como indicador. O TA foi calculado e expresso em ácido tartárico:

% TA= Título (ml) × N (NaOH) × fator de diluição × peso equivalente do ácido tartárico

Peso da amostra × volume recolhido para a estimativa × 1000

3.2.6.4 Rácio de secagem

A fórmula do rácio de secagem (DR) do couro de tamarindo foi medida utilizando o método descrito por Ranganna (1977):

DR = X/Y

Onde:

X = peso da pasta antes da secagem

Y = peso do produto seco (couro de tamarindo)

3.2.6.5 Rácio de reidratação

O rácio de reidratação (RR) do couro de tamarindo foi determinado de acordo com o método da A.O.A.C. (1984). Cinco gramas de amostra de tamarindo foram embebidas em 100 ml de água destilada durante 30 minutos, filtradas através de papel de filtro (n.º 1) e depois pesadas de novo.

Rácio de reidratação (R/R) = W_2/W_1

Onde:

W_1 = peso do material seco.

W_2 = peso do material drenado.

3.2.6.6 Textura

A textura do couro de tamarindo foi determinada de acordo com o método da A.O.A.C. (1984). A textura foi medida com o dispositivo Lastometer IG/LAST/D, que mede a força (Kg/N), necessária para penetrar 4 mm de espessura do couro de tamarindo.

3.2.6.7 Escurecimento não enzimático

O método normalmente aplicado para avaliar o efeito de escurecimento não enzimático é geralmente conhecido como "cor solúvel".

Extração e leitura

O escurecimento não enzimático foi determinado pelo método espectofotométrico descrito por Askar e Treptow (1993).

Dez gramas da amostra foram extraídos com 100 ml de etanol a 60% durante 12 horas e centrifugados a 1260 rpm durante 5 minutos. A absorvância do extrato acastanhado foi então medida com um espetrofotómetro a 420 nm com etanol a 60% como branco.

3.2.7 Análise microbiológica

3.2.7.1 Preparação dos suportes de impressão

3.2.7.1.1 Ágar para contagem de placas (PCA)

Este meio foi utilizado para a determinação da contagem total de bactérias viáveis. Dezassete gramas e meio de PCA foram suspensos em 1 litro de água destilada e dissolvidos por ebulição com agitação frequente. O pH do meio foi ajustado para 7,0, misturado e esterilizado por autoclavagem a 121^0 C durante 20 minutos.

3.2.7.1.2 Ágar de extrato de malte

Este meio foi utilizado para a contagem de leveduras e bolores. O meio foi preparado de acordo com as instruções do fabricante. Cinquenta gramas do meio foram dispersos em 1 litro de água destilada, deixados de molho durante 10 minutos, agitados para misturar e depois esterilizados num autoclave a 12HC durante 20 minutos.

3.2.7.1.3 Caldo Mac Conkey (ÓXIDO)

Este meio foi utilizado para a contagem de bactérias coliformes através da técnica dos tubos múltiplos. Trinta e cinco gramas de caldo Mac Conkey foram pesados e dispersos em 1 litro de água destilada, bem misturados, distribuídos em quantidades de 9 ml em tubos de ensaio padrão com tubo de Durham invertido e depois esterilizados numa autoclave a 12HC durante 20 minutos.

3.2.7.1.4 MRS (De Man Rogosa e Sharp)

Este meio foi utilizado para a contagem de bactérias do ácido lático. Cinquenta e cinco gramas do meio foram suspensos em 1 litro de água destilada. Deixou-se de molho durante 10 minutos, agitou-se bem para misturar e depois esterilizou-se num autoclave a 12HC durante 15 minutos.

3.2.7.1.5 Caldo de nutrientes (N.B)

Este meio foi utilizado como meio de pré-enriquecimento para o crescimento de Salmonella. Treze gramas de N.B desidratado foram suspensos em 1 litro de água destilada. O pH do meio foi ajustado para 7,4 e depois esterilizado por autoclavagem a 121^0 C durante 20 minutos. Para a preparação do ágar nutriente (N A), foram adicionados 27 gramas de ágar n.º 1 ao N B. Deixou-se ferver até à dissolução completa e, em seguida, esterilizou-se por autoclavagem a 12HC durante 20 minutos.

3.2.7.1.6 Caldo de selenito

Este meio foi utilizado como meio de enriquecimento para a deteção de Salmonella. Dissolveram-se quatro gramas de biselenito de sódio em 1 litro de água destilada. Adicionaram-se dezanove gramas de Caldo Selenito Base para dissolver e esterilizar durante 10 minutos num banho de água fervida.

3.2.7.1.7 Ágar sulfito de bismuto

Este meio foi utilizado como um teste presuntivo para a deteção de Salmonella. Cinquenta e dois gramas de ágar sulfito de bismuto foram suspensos em 1 litro de água destilada. O meio foi deixado a ferver num banho de água até estar completamente dissolvido e o pH foi ajustado para 7,0.

3.2.7.1.8 Amido LeiteAgar

O ágar de leite e amido foi utilizado para determinar as bactérias formadoras de esporos. Um grama de leite desnatado e 0,1 gramas de amido foram pesados e dissolvidos separadamente em 10 ml de água destilada. Um ml das soluções de leite desnatado e de amido foi adicionado a 100 ml de ágar nutriente preparado como descrito acima. Os conteúdos foram bem misturados e esterilizados num autoclave a 12HC durante 20 minutos.

3.2.7.1.9 Baird Parker Agar

Este meio foi utilizado para a deteção de bactérias Staphylococcus de acordo com (Flowers et. al 1993). Sessenta e cinco gramas e meio do meio foram suspensos em 1 L de água destilada. Deixou-se de molho durante 10 minutos, agitou-se para misturar bem e depois esterilizou-se por autoclavagem a 12HC durante 15 minutos. Arrefeceu-se até 45^0 C e adicionaram-se ao meio, de forma asséptica, 50 ml de emulsão estéril de telureto de gema de ovo X085.

3.2.7.2 Determinação dos parâmetros microbiológicos

3.2.7.2.1 Preparação de diluições seriadas

Trinta gramas de couro de tamarindo foram pesados assepticamente e adicionados a 270 ml de água destilada estéril para obter uma diluição de 10^1 . Preparou-se um conjunto de 6 tubos com 9 ml de água destilada esterilizada.

3.2.7.2.2 Métodos culturais

3.2.7.2.2.1 Contagem total de viáveis

A contagem total de espécies viáveis foi efectuada utilizando o método de pour plate descrito por Harrigan e MacCane (1976). Uma alíquota de um ml de uma diluição adequada foi transferida assepticamente para placas de Petri estéreis. A cada diluição foram adicionados 10 a 15 ml de ágar para contagem de placas derretido e arrefecido (450C). Os inóculos foram misturados com o meio e deixados a solidificar. As placas foram então incubadas numa incubadora (modelo

Hereas) a 370C durante 48 horas. Foi utilizado um contador de colónias (Quebec colony counter) para contar as bactérias viáveis. O número de bactérias viáveis foi registado como unidade formadora de colónias (CFU) por grama.

3.2.7.2.2.2 Leveduras e bolores

A partir de uma diluição adequada, retirou-se assepticamente 0,1 ml da amostra e espalhou-se sobre a superfície do ágar de extrato de malte solidificado. A amostra foi espalhada por toda a superfície utilizando uma vareta de vidro dobrada esterilizada. As placas foram então incubadas a 25 °C durante 48 horas (Andrew, 1992).

3.2.7.2.2.3 Teste presuntivo de coliformes

Isto foi efectuado utilizando a técnica do número mais provável (NMP) (sistema de 3 tubos). Foram inoculados nove tubos contendo quantidades de 9 ml de caldo Mac Conkey estéril com tubos Durham padrão (1 ml) de cada uma das três diluições (10^{-1}, 10^{-2} e 10^{-3}), depois incubados a 370C durante 48 horas com um tubo de controlo para comparação. Os tubos positivos apresentam uma mudança de cor de vermelho para amarelo e produção de gás. O número de bactérias coliformes foi registado a partir da tabela NMP (Andrew, 1992).

3.2.7.2.2.4 Bactérias do ácido lático

O meio MRS estéril foi previamente vertido e deixado solidificar, tendo sido espalhados uniformemente 0,1 ml das diluições adequadas em toda a superfície do meio, utilizando uma vareta de vidro estéril em forma de L. Deixou-se secar as placas e incubou-se a 37^0 C durante 24 a 72 horas, utilizando um jarro anaeróbio com uma vela.

As várias colónias que se formaram foram contadas e consideradas como bactérias do ácido lático com base nos testes de coloração de Gram e de catalase, que revelaram reacções gram-positivas e catalase negativas.

3.2.7.2.2.1.5 Formador de esporos

As diluições de couro de tamarindo foram aquecidas num banho de água a 800C durante 10 minutos e arrefecidas subitamente. Um ml de cada diluição foi vertido em meio estéril de ágar de leite e amido e incubado a 370C durante 24 horas. **3.2.8 Avaliação sensorial**

Quatro amostras de extrato de tamarindo foram submetidas a uma avaliação sensorial segundo o método da escala de pontuação de 5 pontos, tal como descrito por Ihekorony e Ngoddy (1985). Duas delas foram preparadas a partir de couros de tamarindo secos em estufa e em secadores solares, a terceira foi comprada no mercado local (preparação tradicional) e a quarta foi preparada a partir de concentrado industrial de tamarindo (fábrica alimentar sudanesa). Foi pedido a vinte e seis membros do painel do Centro de Investigação Alimentar que avaliassem diferentes amostras de extrato de tamarindo em termos de aspeto, sabor, gosto, gosto residual e aceitabilidade global. Foi aplicado um método de pontuação para comparar as diferentes percepções e, em seguida, as classificações sensoriais foram submetidas a uma análise de variância (ANOVA) e a significância das diferenças médias foi determinada pelo teste de Duncan Multiple Range Test (DMRT) a um nível de significância de $P \leq 0{,}05$, tal como descrito por (Mead e Gurnow, 1983).

3.2.9 Análise estatística

Os dados obtidos foram analisados estatisticamente com recurso a um modelo de Bock completo e aleatório. A significância das diferenças médias foi determinada pelo teste de intervalo múltiplo de Duncan (DMRT) ao nível de significância $P \leq 0{,}05$, conforme descrito por (Mead e Gurnow, 1983).

CAPÍTULO 4
RESULTADOS E DISCUSSÃO

4.1 Composição química e física do fruto do tamarindo

A Tabela 3 mostra as composições químicas e físicas dos frutos de tamarindo utilizados no estudo. Os valores médios de humidade, proteína bruta, fibra bruta, açúcares totais, açúcares redutores e cinzas totais foram 14,09; 3,05; 3,90; 37,33; 36,50 e 2,98%, respetivamente. Valores mais altos e mais baixos para a composição proximal de diferentes variedades de frutos de tamarindo foram relatados anteriormente (Benero *et al.*, 1972; Duke, 1981; Abdalmuti, 1991; Ishola *et al.*, 1991; Shankaracharya, 1993; Saka e Msonthi, 1994). Os valores mais altos e mais baixos mencionados acima foram atribuídos a diferenças varietais e de condições climáticas.

O mesmo se aplica aos teores de matéria mineral nos frutos de tamarindo (quadro 3), onde também foram registados teores mais elevados e mais baixos em comparação com os apresentados no quadro 3.

4.2 Efeito do tempo de imersão e da relação fruto / água na recuperação da polpa do fruto de tamarindo

A Tabela 4 mostra o efeito do tempo de imersão nos sólidos solúveis totais (%) extraídos do fruto de tamarindo. Houve um aumento significativo (p $0\leq05$) nos sólidos solúveis totais (%) à medida que o tempo de imersão aumentou até atingir o tempo de equilíbrio. Três horas foram consideradas o tempo ideal de imersão para as três proporções de fruta / água utilizadas (1:4; 1:5 e 1:6). O tempo ideal de imersão da polpa de tamarindo aqui registado é diferente dos relatados por Mustafa (2007) e Ahmed (2009), que foi de 10 horas e 90 minutos,

Tabela. 3 Composições químicas e físicas do fruto do tamarindo

Macro components of tamarind fruit		Micro components of tamarind fruit	
Component	**%**	**Component(mg/100g)**	**%**
Moisture content	14.09 ± 0.13	Ca	149.0
Crude protein	3.05 ± 0.45	K	362.0
Crude fiber	3.90 ± 0.72	Fe	3.96
Total Sugars	37.33 ± 0.42	Mg	42.0
Reducing sugars	36.50± 0.69	Mn	0.42
Total ash	2.98 ± 0.22		

Tabela 4. Efeito do tempo de imersão (hora) nos sólidos solúveis totais (%) extraídos do fruto de tamarindo

Fruit/water ratio	Soaking time (hr)						$Lsd_{0.05}$	SE±
	1:0	1:30	2:0	2:30	3:0	3:30		
1:4	20.40 ± 0.40^e	21.87 ± 0.23^d	24.40 ± 0.40^c	26.20 ± 0.20^b	29.20 ± 0.00^a	29.20 ± 0.00^a	0.4673^{**}	0.1517
1:5	20.50 ± 0.50^e	25.50 ± 0.50^d	27.00 ± 0.50^c	30.33 ± 0.29^b	32.50 ± 0.00^a	32.50 ± 0.00^a	0.6633^{**}	0.2153
1:6	23.20 ± 1.39^e	24.60 ± 0.60^d	26.60 ± 0.35^c	27.80 ± 0.35^b	30.00 ± 0.00^a	30.00 ± 0.00^a	1.153^{**}	0.3742

1 Os valores médios±DP com letra(s) sobrescrita(s) diferente(s) nas linhas são significativamente diferentes (P≤0,05).

respetivamente. As diferenças nos resultados devem-se principalmente aos diferentes locais de cultivo das variedades de tamarindo, ao teor de humidade inicial dos frutos de tamarindo e às condições de transformação.

A Tabela 5 mostra o efeito da relação fruta/água nos sólidos totais e sólidos solúveis extraídos da fruta de tamarindo como uma polpa. O aumento da proporção de água para fruta (6:1) reduziu significativamente (P≤0,05) a quantidade de sólidos solúveis totais extraídos da fruta de tamarindo (de 35,50 com 5:1 para 30,00 % com 6:1 de água para fruta). Parece que a adição de mais água (6:1) não adicionou uma quantidade significativa de sólidos solúveis à polpa recuperada. Embora o rácio 5:1 tenha extraído o máximo de sólidos solúveis, o rácio 1:4 foi selecionado neste estudo, devido à utilização de sistemas de secagem mais ou menos simples (Shade, secador de laboratório e secador solar feito localmente) para recuperar a água durante a secagem.

Baixos níveis de água contra a fruta para extração de seus sólidos solúveis foram recomendados anteriormente por Benero *et al.* (1972) que relataram que, a relação fruta/água de 1: 2 foi usada para extrair os sólidos solúveis totais da fruta do tamarindo para a fabricação de concentrado de tamarindo. Mustafa (2007) relatou que, a proporção fruta/água de 1: 4 foi considerada ótima para fazer bebida carbonatada de tamarindo, onde o extrato tem um sabor distinto de tamarindo, cor e acidez apropriada. Ahmed (2009) relatou que, a proporção fruta/água de 1: 3 foi considerada a melhor para a fabricação de pó de tamarindo seco por spray. Thankitsunthorn *et al.* (2009) afirmaram que a relação fruta / água de 1:1 foi considerada óptima para a extração de sólidos solúveis da groselha indiana para o fabrico de pó de groselha seca.

4.3 Factores que afectam a taxa de secagem da polpa de tamarindo

4.3.1 Efeito do sistema de secagem

As Tabelas 6 a 9 (Figuras 1 a 4) mostram as variações do teor de humidade da polpa de tamarindo em função do sistema de secagem. Ficou claro que a temperatura de secagem tem um efeito significativo (p 0,≤05) na redução do tempo de secagem e no teor de humidade da polpa de tamarindo.

Tabela 5. Efeito da relação fruta/água na recuperação da polpa de fruto de tamarindo

Fruit / water ratio	Total solids (%)	Total soluble solids extracted (%)
1:4	34.44 ± 0.69^c	29.20 ± 0.00^c
1:5	38.12 ± 1.04^b	32.50 ± 0.00^a
1:6	41.74 ± 1.25^a	30.00 ± 0.00^b
$Lsd_{0.05}$	2.038^{**}	0.000632^{**}
SE	0.5891	0.000183

** Os valores médios ±SD com letras sobrescritas diferentes nas colunas são significativamente diferentes (P≤0,05).

e, consequentemente, a taxa de secagem. A Tabela 6 (Figura 1) mostra variações significativas (P≤0,05) no teor de humidade da polpa de tamarindo em função dos sistemas de secagem. Os couros de tamarindo perderam metade do seu teor de humidade na primeira hora, após 11 horas e após 24 horas, quando secos em sistemas de armário, solar e à sombra, respetivamente. Todos os couros de tamarindo foram secos a níveis de 3,12-8,53% de humidade. Foi óbvio que o secador de armário a 70° C foi o mais rápido seguido pelo secador solar a 54±4° C e depois a secagem à sombra a 35 ±10° C.

A Tabela 7 (Figura 2) mostra uma diminuição significativa (P≤0,05) do teor de humidade da polpa de tamarindo com 5 % de sacarose em função do sistema de secagem. Os tempos de secagem dos couros de tamarindo foram de 4,5, 44 e 60 horas quando secos em estufa, ao sol e à sombra, respetivamente. Todos os couros de tamarindo foram secos a níveis de 4,02 -9,97% de humidade. Obviamente, à medida que a temperatura de secagem aumentou, o tempo de secagem diminuiu, ao mesmo tempo que o teor de sacarose aumentou no couro de tamarindo, o tempo de secagem e a gama de teor de humidade aumentaram.

A Tabela 8 (Figura 3) mostra uma redução significativa (P≤0,05) no teor de humidade da polpa de tamarindo contendo 10% de sacarose, conforme afetado pelo sistema de secagem. O secador de armário registou o tempo de secagem mais curto (6 horas), enquanto a secagem à sombra registou o tempo de secagem mais longo (144) horas. Todos os couros de tamarindo foram secos a níveis de 4,73 -12,09 % de humidade.

A Tabela 9 (Figura 4) mostra variações significativas (P≤0,05) no teor de humidade da polpa de tamarindo com 15 % de sacarose em função do sistema de secagem. Os tempos de secagem dos couros de tamarindo foram de 6, 55 e 96 horas quando secos em estufa, ao sol e à sombra, respetivamente. Todos os couros de tamarindo foram secos a níveis de 5,52 - 13,59 % de humidade.

Os couros de tamarindo secos em secador de armário têm o tempo de secagem mais curto e o teor de humidade mais baixo devido ao aumento da temperatura de secagem em comparação com a secagem à sombra. Este aumento da temperatura de secagem

Quadro 6. Variações do teor de humidade (grama de água/ 100 gramas de sólidos secos) da polpa de tamarindo em função do sistema de secagem

Drying time (Hr.)	Drying system			Lsd$_{0.05}$	SE$\pm$
	Cabinet drier (70.0 ° C)	Solar drier (54± 4 ° C)	Shade (35 ± 10 ° C)		
1	368.39±0.22[c]	584.20±0.10[b]	627.20±0.10[a]	0.2963	0.0856
3	24.95±0.05[c]	508.10±0.13[b]	619.09±0.10[a]	0.1998	0.0577
5	3.12±0.05[c]	450.30±0.20[b]	606.49±0.20[a]	0.3343	0.0966
7	3.12±0.05[c]	390.10±0.13[b]	580.30±0.20[a]	0.2825	0.0817
9	3.12±0.05[c]	326.30±0.26[b]	520.20±0.10[a]	0.3343	0.0966
11	3.12±0.05[c]	264.20±0.10[b]	460.10±0.13[a]	0.1998	0.0577
13	3.12±0.05[c]	210.10±0.13[b]	420.30±0.20[a]	0.2825	0.0817
15	3.12±0.05[c]	158.10±0.13[b]	382.20±0.10[a]	0.1998	0.0577
17	3.12±0.05[c]	106.20±0.10[b]	364.10±0.13[a]	0.1998	0.0577
19	3.12±0.05[c]	46.10±0.12[b]	336.30±0.17[a]	0.2527	0.0730

Média ± DP com letras sobrescritas diferentes dentro das linhas são significativamente diferentes (P≤ 0,05).

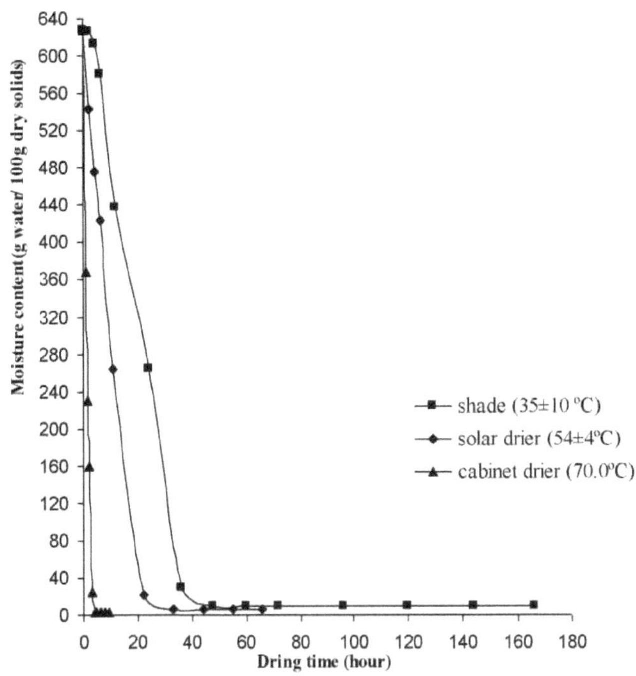

Fig.1 Variação do teor de humidade da polpa de tamarindo em função do sistema de secagem

Tabela 7. Variações do teor de humidade (grama de água/100 gramas de matéria seca)

sólidos) da polpa de tamarindo com 5% de sacarose em função do sistema de secagem

Drying time (Hr.)	Drying system			Lsd$_{0.05}$	SE±
	Cabinet drier (70.0 ° C)	Solar drier (54± 4 ° C)	Shade (35 ± 10 ° C)		
1	360.65±0.31[c]	428.21±0.14[b]	449.10±0.13[a]	0.4143	0.1197
3	26.93±0.19[c]	382.11±0.01[b]	429.20±0.10[a]	0.2527	0.0730
5	4.02±0.01[c]	342.23±0.12[b]	409.13±0.04[a]	0.1413	0.0408
7	4.02±0.01[c]	310.10±0.13[b]	329.10±0.13[a]	0.2095	0.0606
9	4.02±0.01[c]	280.20±0.10[b]	319.20±0.10[a]	0.1672	0.0483
11	4.02±0.01[c]	257.40±0.26[b]	310.30±0.26[a]	0.4331	0.1252
13	4.02±0.01[c]	238.30±0.20[b]	296.10±0.07[a]	0.2447	0.0707
15	4.02±0.01[c]	219.10±0.13[b]	276.10±0.08[a]	0.1787	0.0516
17	4.02±0.01[c]	200.30±0.20[b]	256.13±0.11[a]	0.2605	0.0753
19	4.02±0.01[c]	184.30±0.17[b]	236.30±0.26[a]	0.3629	0.1049

Média ± DP com letras sobrescritas diferentes dentro das linhas são significativamente diferentes (P≤0,05).

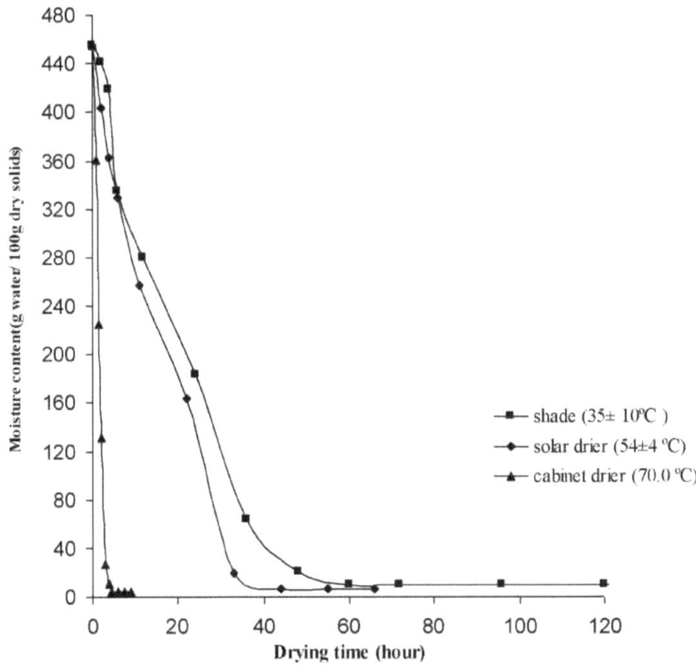

Fig. 2 Variação do teor de humidade da polpa de tamarindo com 5% de sacarose em função do sistema de secagem

Tabela 8. Variações do teor de humidade (grama de água/ 100 gramas de sólidos secos) da polpa de tamarindo com 10% de sacarose em função do sistema de secagem

Drying time (Hr.)	Drying system			Lsd$_{0.05}$	SE±
	Cabinet drier (70.0 ° C)	Solar drier (54± 4 ° C)	Shade (35 ± 10 ° C)		
1	200.10±0.13^c	262.30±0.20^b	306.30±0.36^a	0.4975	0.1438
3	28.64±0.31^c	168.20±0.10^b	286.10±0.13^a	0.4094	0.1183
5	4.73±0.39^c	122.93±0.05^b	246.20±0.10^a	0.4685	0.1354
7	4.73±0.39^c	100.30±0.20^b	209.20±0.10^a	0.5210	0.1506
9	4.73±0.39^c	86.30±0.20^b	189.30±0.26^a	0.5927	0.1713
11	4.73±0.39^c	73.26±0.07^b	170.20±0.10^a	0.4728	0.1366
13	4.73±0.39^c	62.20±0.10^b	149.20±0.10^a	0.4812	0.1390
15	4.73±0.39^c	51.10±0.13^b	127.30±0.20^a	0.5286	0.1528
17	4.73±0.39^c	40.10±0.13^b	106.10±0.13^a	0.5015	0.1449
19	4.73±0.39^c	30.20±0.10^b	84.17±0.06^a	0.4728	0.1366

Média ± DP com letras sobrescritas diferentes dentro das linhas são significativamente diferentes (P≤0,05).

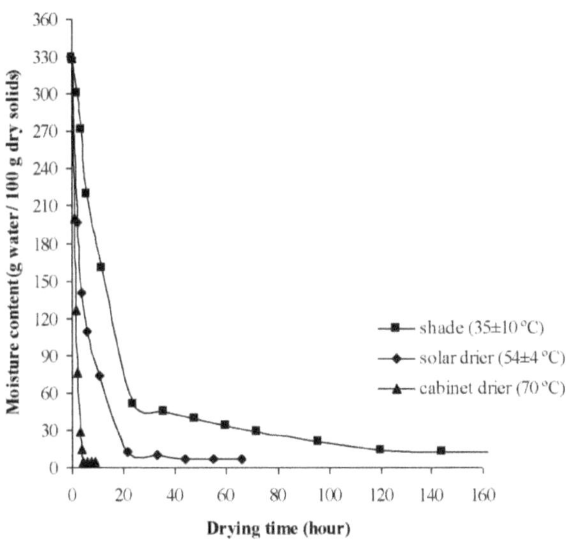

Fig.3 Variação do teor de humidade da polpa de tamarindo com 10 % de sacarose em função do sistema de secagem

Tabela 9. Variações do teor de humidade (grama de água/100 gramas de matéria seca) sólidos) da polpa de tamarindo com 15% de sacarose em função do sistema de secagem

Drying time (Hr.)	Drying system			Lsd$_{0.05}$	SE$\pm$
	Cabinet drier (70.0 ° C)	Solar drier (54± 4 ° C)	Shade (35 ± 10 ° C)		
1	156.10±0.13[c]	184.20±0.10[b]	226.30±0.20[a]	0.2963	0.0856
3	18.76±0.11[c]	99.30±0.20[b]	172.20±0.10[a]	0.2825	0.0817
5	9.20±0.10[c]	68.10±0.13[b]	140.10±0.13[a]	0.2447	0.0707
7	5.52±0.11[c]	50.20±0.10[b]	120.20±0.10[a]	0.1998	0.0577
9	5.52±0.11[c]	42.10±0.13[b]	109.20±0.10[a]	0.2278	0.0658
11	5.52±0.11[c]	36.42±0.33[b]	98.20±0.10[a]	0.4143	0.1197
13	5.52±0.11[c]	30.20±0.10[b]	86.20±0.10[a]	0.1998	0.0577
15	5.52±0.11[c]	28.20±0.10[b]	72.10±0.13[a]	0.2278	0.0658
17	5.52±0.11[c]	24.97±1.42[b]	60.20±0.10[a]	1.6410	0.4743
19	5.52±0.11[c]	22.20±0.10[b]	46.20±0.10[a]	0.1998	0.0577

Média ± DP com letras sobrescritas diferentes dentro das linhas são significativamente diferentes (P≤0,05).

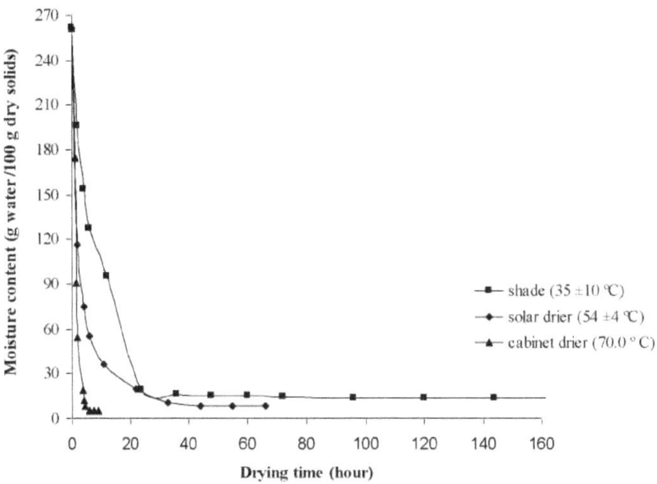

Fig. 4 Variação do teor de humidade da polpa de tamarindo com 15 % de sacarose em função do sistema de secagem

normalmente resulta no aumento da pressão de vapor dentro do produto, forçando a humidade a mover-se mais rapidamente para a superfície, o que resultou numa redução substancial do tempo de secagem. Estas conclusões também foram obtidas por trabalhadores anteriores (Abdalla, 2002; El Saebaii *et al.* 2002; Mulokozi e Svanberg 2003; Bala *et al.* 2005; Henriette *et al.,* 2006; Revaskar *et al.,* 2007; Mudgal e Pande, 2007; Demir e Sacilik ,2010) para quiabo, frutas e legumes, legumes de folha, bolbos e couro de jaca, couro de manga, fatias de cebola, couve-flor e fatias de tomate, respetivamente. Dos resultados, a secagem à sombra foi a que demorou mais tempo em comparação com os outros dois sistemas de secagem, pelo que foi excluída.

As Figuras 5, 6, 7 e 8 mostram as taxas de secagem da polpa de tamarindo contendo 0, 5, 10 e 15% de sacarose, respetivamente, e secas usando um secador de gabinete (70^0 C). As taxas de secagem iniciais foram de 47,5, 9,44, 21,11 e 38,33 para a polpa de tamarindo sem sacarose, 5, 10 e 15% de sacarose, respetivamente. Todas as taxas de secagem foram constantes, dependendo do aquecimento do ar de secagem por um permutador de calor elétrico e de uma temperatura controlada no interior do secador que mantém a temperatura de secagem constante durante todo o ciclo de secagem. Estes resultados também foram obtidos por Abdalla (2002) para o quiabo.

As figuras 9, 10, 11 e 12 mostram as taxas de secagem da polpa de tamarindo contendo 0,5, 10 e 15% de sacarose, respetivamente, e secas com secador solar e à sombra. A Figura 9 mostra a taxa de secagem da polpa de tamarindo seca com secador solar e à sombra. O secador solar obteve a maior taxa de secagem (17,32), enquanto a menor taxa de secagem foi obtida com a secagem à sombra (14,58). A Figura 10 mostra a taxa de secagem da polpa de tamarindo contendo 5% de sacarose seca com secador solar e à sombra. As taxas de secagem foram de 7,64 e 4,26 para o secador solar e a sombra, respetivamente. A Figura 11 mostra a taxa de secagem da polpa de tamarindo contendo 10% de sacarose seca usando o secador solar

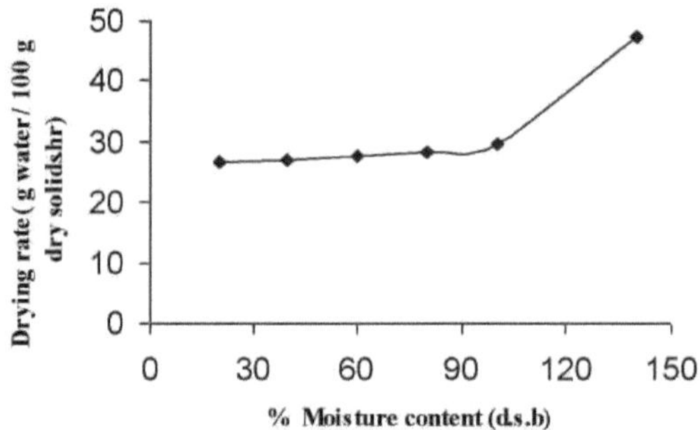

Fig. 5   Taxa de secagem da polpa de tamarindo seca com secador de armário

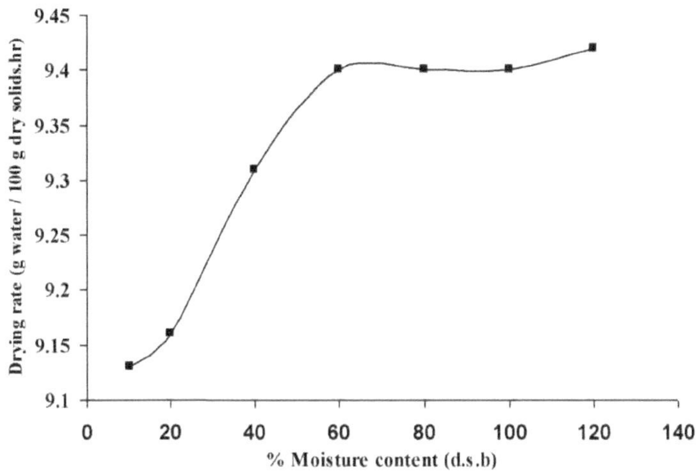

Fig. 6 Taxa de secagem da polpa de tamarindo com 5% de sacarose seca num secador de armário

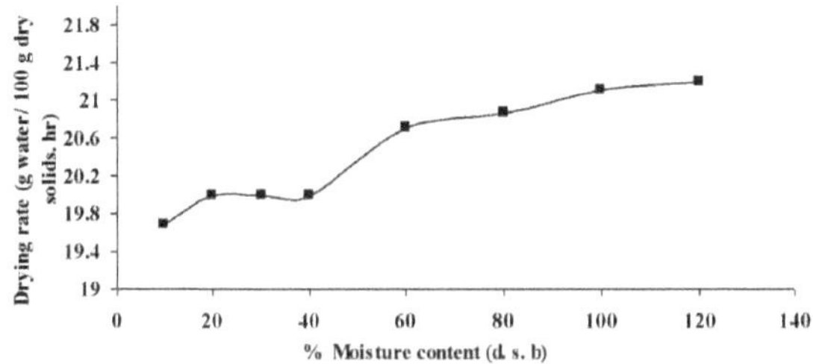

**Fig.7 Taxa de secagem da polpa de tamarindo com 10% de sacarose
seca num secador de armário**

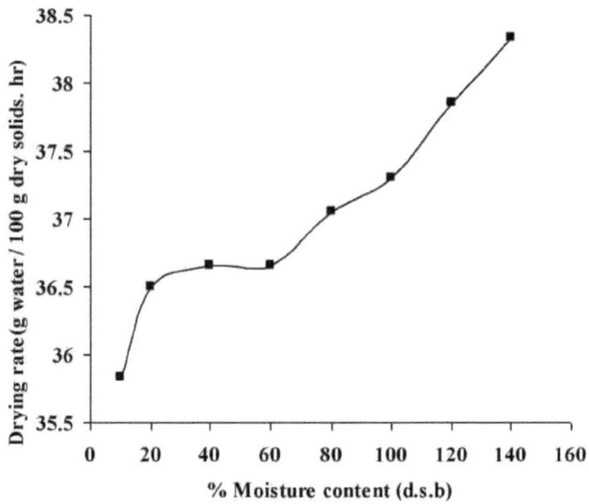

Fig. 8 Taxa de secagem da polpa de tamarindo com 15% de sacarose seca num secador de armário

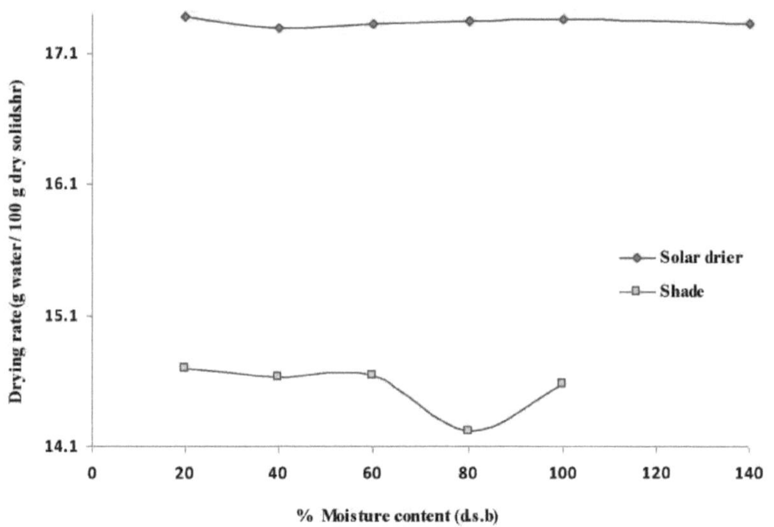

Fig. 9 Taxa de secagem da polpa de tamarindo seca com secador solar e à sombra

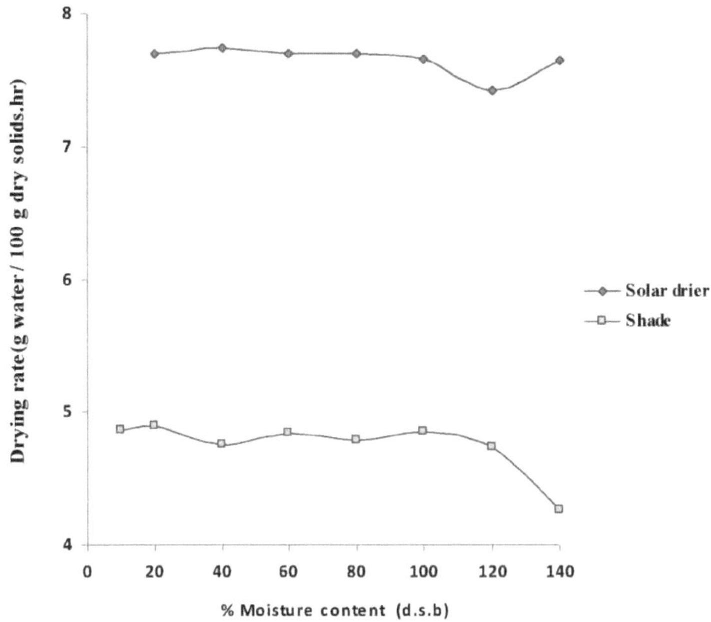

Fig.10 Taxa de secagem da polpa de tamarindo com 5% de sacarose seca com secador solar e à sombra

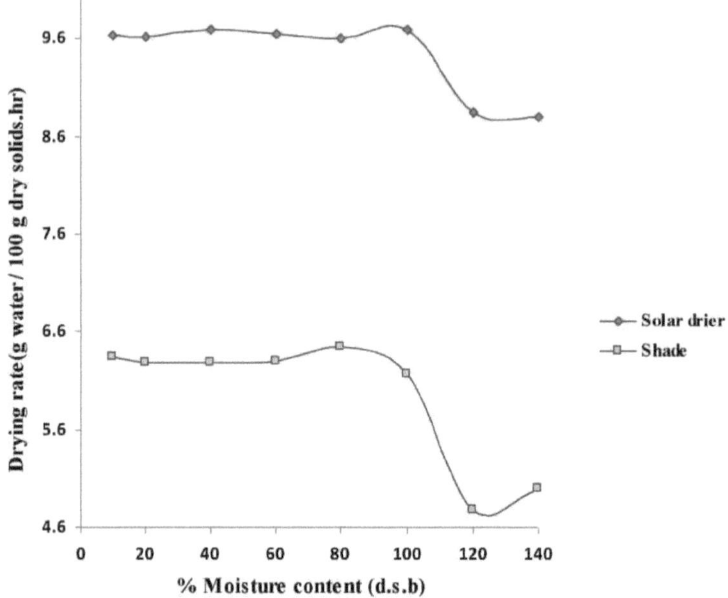

Fig.11 Taxa de secagem da polpa de tamarindo com 10% de sacarose seca com secador solar e à sombra

e à sombra. O secador solar registou a taxa de secagem mais elevada (8,8), enquanto a secagem à sombra registou a taxa de secagem mais baixa (5,0).

A Figura 12 mostra a taxa de secagem da polpa de tamarindo contendo 15% de sacarose seca com secador solar e à sombra. O secador solar deu o maior valor de taxa de secagem (10,58), enquanto a secagem à sombra deu o menor valor de taxa de secagem (7,05). Todas as taxas de secagem foram flutuantes, dependendo do calor natural do sol que varia durante o mesmo dia e de dia para dia, o que pode ser atribuído ao facto de a radiação solar no Sudão ser caracterizada pela sua variabilidade ao longo do dia, atingindo o máximo ao meio-dia, quando o comprimento do caminho da insolação através da atmosfera é o mais curto. Era evidente que, de manhã, a temperatura do ar aquecido no interior da câmara solar era baixa e depois subia em direção ao meio-dia, diminuindo depois gradualmente à medida que o sol se punha (Duffie e Beckman, 1980). Além disso, a flutuação da temperatura ambiente resultou numa flutuação semelhante da taxa de secagem da polpa de tamarindo seca à sombra

(Abdalla, 2002).

4.3.2 Efeito do nível de sacarose adicionado à polpa de tamarindo

As figuras 13 a 15 mostram as variações do teor de humidade de diferentes polpas de tamarindo em função do nível de sacarose adicionado, utilizando diferentes sistemas de secagem. A polpa de tamarindo (sem sacarose) tem a taxa de secagem mais elevada, enquanto a polpa de tamarindo com 15 % de sacarose tem a taxa de secagem mais baixa em todos os sistemas de secagem utilizados. Este facto pode dever-se à presença de um elevado nível de sacarose, que tende a criar camadas de couro na superfície da polpa (endurecimento), diminuindo a sua pressão de vapor (Van Arsdel *et al.,* 1973; Felllows, 2000; Brennan *et al.*, 2006; Toledo, 2006; Wang e Brennan, 2006;). Jain e Nema (2007) referiram que a adição de 30% de açúcar à polpa de goiaba diminuiu a sua taxa de secagem e que a textura do couro de goiaba era viscosa, pelo que recomendaram a adição de 20% de açúcar à polpa de goiaba para melhorar a qualidade do couro de goiaba.

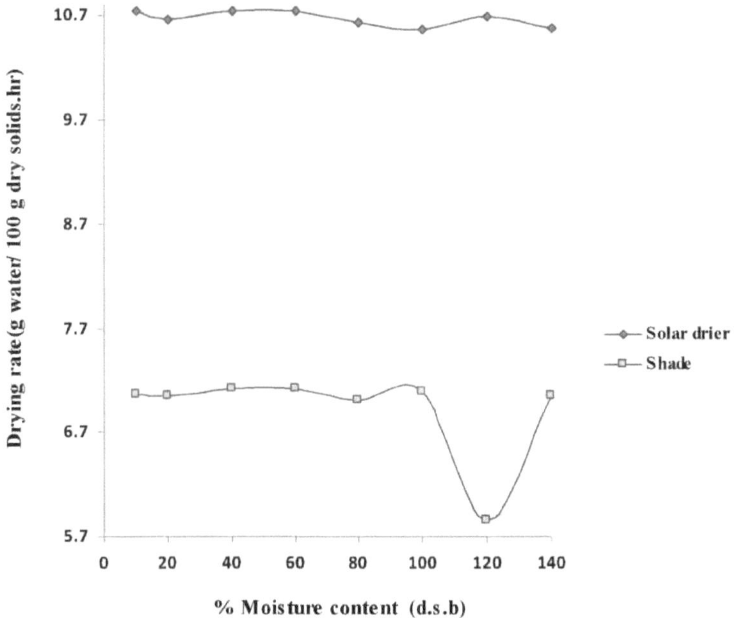

Fig.12 Taxa de secagem da polpa de tamarindo com 15% de sacarose seca com secador solar e

65

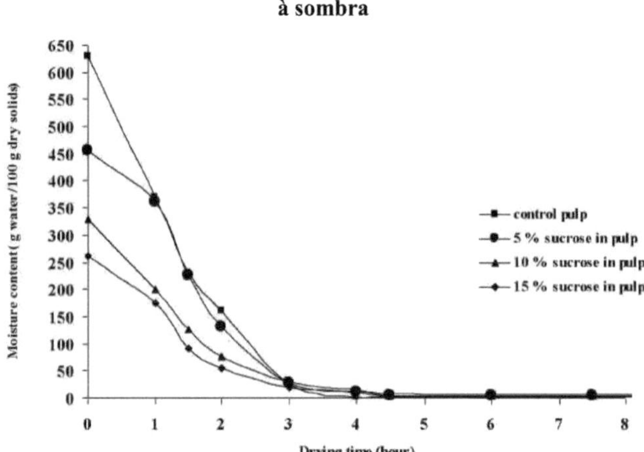

Fig. 13 Variação do teor de humidade da polpa de tamarindo seca em secador de armário em função do nível de sacarose adicionado

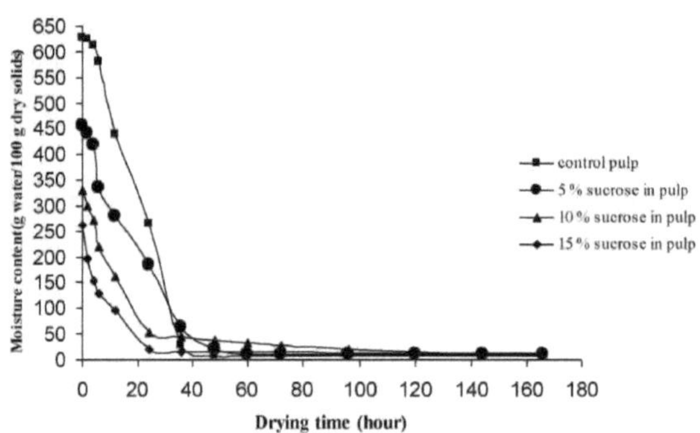

Fig.14 Variação do teor de humidade da polpa de tamarindo seca em secador solar em função do nível de sacarose adicionado

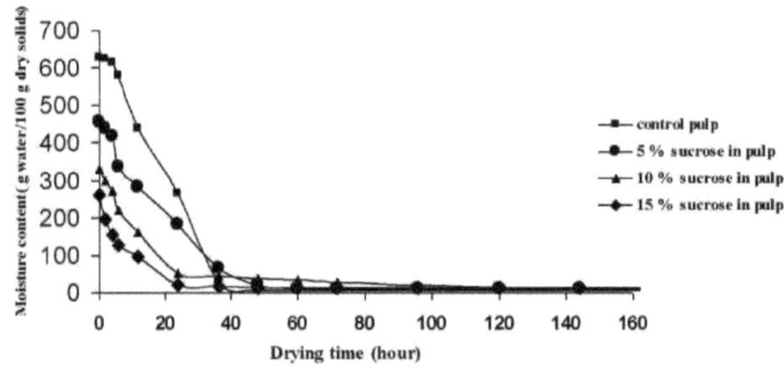

Fig. 15 Variação do teor de humidade da polpa de tamarindo seca à sombra em função do

Também Naikare et al. (2000) recomendaram a adição de 20% de açúcar à polpa de fruta para o fabrico de couro de fruta de boa qualidade de armazenamento. Embora a taxa de secagem do couro de tamarindo contendo 15% de sacarose fosse baixa, a adição de um nível elevado de sacarose à polpa de tamarindo foi feita intencionalmente para melhorar a textura do produto final, reter o seu sabor, reduzir a acidez da polpa de tamarindo, para além da ação adoçante e conservante da sacarose para utilização e durante o armazenamento (Harrison e Andress, 2000). Ekanayake e Banadara (2002) relataram que a polpa de banana contendo 15% de açúcar foi considerada a melhor para fazer couro de banana com textura, sabor e palatabilidade satisfatórios.

4.4 Características de qualidade do couro de tamarindo afectadas pelo nível de sacarose

4.4.1 Variação do rácio de reidratação do couro de tamarindo

A Tabela 10 mostra as mudanças na razão de reidratação (RR) do couro de tamarindo contendo diferentes níveis de sacarose secos usando diferentes sistemas de secagem. Houve uma diminuição significativa ($P \leq 0,05$) na RR dos diferentes couros de tamarindo produzidos, embora não tenha havido diferença significativa ($P \leq 0,05$) entre o couro de tamarindo sem sacarose e o que contém 5 % de sacarose quando seco com secador de gabinete (2,43 e 2,26, respetivamente). Também não houve diferença significativa ($P \leq 0,05$) entre o couro de tamarindo contendo 10 e 15 % de sacarose (1,51 e 1,44, respetivamente). Houve uma diminuição significativa ($P \leq 0,05$) na RR dos diferentes couros de tamarindo secos usando secador solar, embora não houvesse diferença significativa ($P \leq 0,05$) na RR do couro de tamarindo sem sacarose e couro de tamarindo contendo 5% de sacarose (2,78 e 2,66, respetivamente).

Enquanto isso, houve uma diminuição significativa ($P \leq 0,05$) na RR do couro de tamarindo contendo 10 e 15 % de sacarose (2,72 e 1,78, respetivamente).

Tabela 10. Alterações no rácio de reidratação do couro de tamarindo

preparado por diferentes sistemas de secagem em função do nível de sacarose

Média(s) com letra(s) diferente(s) em cada coluna diferem

Level of sucrose in pulp (%)	Rehydration ratio (RR) values		
	Cabinet drier	Solar drier	Shade drying
0.0 (control)	2.43[a]	2.78[a]	2.61[a]
5.0	2.26[a]	2.66[a]	2.10[b]
10.0	1.51[b]	2.27[b]	1.46[c]
15.0	1.44[b]	1.78[c]	1.16[c]

significativamente (P≤0,05) de acordo com o teste de intervalo múltiplo de Duncan.

Em relação aos couros de tamarindo secos à sombra, houve uma diminuição significativa (P≤0,05) na RR do couro de tamarindo sem sacarose e do couro de tamarindo contendo 5 % de sacarose (2,61 e 2,10, respetivamente), enquanto não houve diferença significativa (P≤0,05) entre o couro de tamarindo contendo 10 e 15 % de sacarose (1,46 e 1,16, respetivamente). O couro de tamarindo sem sacarose seco em todos os sistemas de secagem deu o maior RR, enquanto os couros de tamarindo contendo 15 % de sacarose deram o menor RR.

Estas conclusões sobre a RR dos couros de frutos confirmam os trabalhos anteriores de Mohamed (1999) relativos ao couro de manga. Ficou claro que, à medida que o nível de sacarose na polpa de tamarindo aumenta, a RR diminui. Este fenómeno deve-se à migração de sólidos solúveis para a superfície durante a secagem do material (Brennan *et al.*, 2006).

4.4.2 Alterações do rácio de secagem do couro de tamarindo

A Tabela 11 mostra as mudanças na taxa de secagem do couro de tamarindo contendo diferentes níveis de sacarose secos usando diferentes sistemas de secagem. Houve uma diminuição significativa (P≤0,05) no DR de todos os couros de tamarindo secos usando cada sistema de secagem. O couro de tamarindo sem sacarose seco com secador de armário deu o maior DR (7,00), enquanto o couro de tamarindo contendo 15 % de sacarose deu o menor DR (3,50). Além disso, houve uma diminuição significativa (P≤0,05) no DR dos couros de tamarindo secos usando secador solar, onde o couro de tamarindo sem sacarose deu o maior DR (6,96), e o couro de tamarindo contendo 15% de sacarose deu o menor DR (3,25).

Registou-se uma diminuição significativa (P≤0,05) na DR dos couros de tamarindo secos à sombra, em que o couro de tamarindo sem sacarose apresentou a DR mais elevada (6,25) e o couro de tamarindo com 15 % de sacarose apresentou a DR mais baixa (3,18). É evidente que a DR dos diferentes couros de tamarindo secos por diferentes sistemas de secagem diminui à medida que o nível de sacarose aumenta.

Tabela 11. Alterações no rácio de secagem do couro de tamarindo preparado por diferentes sistemas de secagem em função do nível de sacarose

Level of sucrose in pulp (%)	Drying ratio (DR) values		
	Cabinet drier	Solar drier	Shade drying
0.0(control)	7.00[a]	6.96[a]	6.25[a]
5.0	5.38[b]	4.94[b]	4.76[b]
10.0	4.12[c]	3.98[c]	3.89[c]
15.0	3.50[d]	3.25[d]	3.18[d]

As médias com letra(s) sobrescrita(s) diferente(s) em cada coluna diferem significativamente (P≤0,05) utilizando o teste de intervalo múltiplo de Duncan.

A adição de sacarose foi relatada anteriormente para aumentar o peso seco final do couro de tamarindo, caracterizado pela retenção de água durante a secagem (Van Arsdel *et al.*, 1973; Mohamed , 1999).

4.4.3 Alterações da textura do couro de tamarindo

A Tabela 12 mostra as mudanças na textura do couro de tamarindo contendo diferentes níveis de sacarose secos usando diferentes sistemas de secagem. Registaram-se variações significativas (P≤0,05) na textura dos diferentes couros de tamarindo produzidos. Houve uma melhoria significativa (P≤0,05) na textura do couro de tamarindo sem sacarose em comparação com o couro de tamarindo contendo 15% de sacarose seco com secador de gabinete (3,29 e 10,34 kg / N, respetivamente). A mesma melhoria foi observada na textura dos couros de tamarindo secos usando secador solar, a textura do couro de tamarindo contendo 15 % de sacarose foi (2,52 kg/N), enquanto a textura do couro de tamarindo sem sacarose foi (12,14 kg/N). Em relação aos couros de tamarindo secos à sombra, houve melhora significativa (P≤0,05) nas texturas entre os diferentes couros de tamarindo produzidos, embora não tenha havido melhora significativa (P≤0,05) entre a textura do couro de tamarindo contendo 5 % de sacarose e aquele contendo 10 % de sacarose (2,76 e 2,72 Kg / N respetivamente). Ficou claro que a textura dos diferentes couros de tamarindo secos por diferentes sistemas de secagem tornou-se mais macia à medida que o nível de sacarose aumentou. A adição de sacarose à polpa de tamarindo melhorou a maciez dos couros de tamarindo. Esta última caraterística parece estar associada ao teor de humidade do produto final, uma vez que mais açúcar nos couros de frutos melhora a retenção de água destes produtos (Irwandi *et al*, 1998).

Tabela 12.   Alterações na textura (Kg/N) do couro de tamarindo preparado por diferentes sistemas de secagem em função do nível de sacarose

Level of sucrose in pulp (%)	Texture (Kg/N) values		
	Cabinet drier	Solar drier	Shade drying
0.0 (control)	10.34^a	12.14^a	5.68^a
5.0	7.96^b	6.77^b	2.76^b
10.0	5.56^c	3.60^c	2.72^b
15.0	3.29^d	2.52^d	1.19^c

As médias com letra(s) sobrescrita(s) diferente(s) em cada coluna diferem significativamente ($P \leq 0,05$) utilizando o teste de intervalo múltiplo de Duncan.

4.4.4 Alterações do pH do couro de tamarindo

A Tabela 13 mostra as mudanças no pH do couro de tamarindo contendo diferentes níveis de sacarose secos usando diferentes sistemas de secagem. Registou-se um aumento significativo ($P \leq 0,05$) nos valores de pH de todos os couros de tamarindo secos nos três sistemas de secagem.

Houve um aumento significativo ($P \leq 0,05$) nos valores de pH de diferentes couros de tamarindo secos usando o secador de gabinete, mas não houve aumento significativo ($P \leq 0,05$) nos valores de pH entre os couros de tamarindo contendo 5% de sacarose e 10% de sacarose (2,61 e 2,66, respetivamente). Os couros de tamarindo secos usando o secador solar mostraram um ligeiro aumento significativo ($P \leq 0,05$) nos valores de pH.

Não houve um aumento significativo ($P \leq 0,05$) nos valores de pH entre o couro de tamarindo sem sacarose, o couro de tamarindo com 5 % de sacarose e o couro de tamarindo com 10 % de sacarose (2,29, 2,44 e 2,52 respetivamente), enquanto o couro de tamarindo com 15 % de sacarose foi significativamente diferente (P≤0,05) dos restantes couros de tamarindo (2,81). Registou-se um aumento significativo (P≤0,05) nos valores de pH do couro de tamarindo seco à sombra, em que o couro de tamarindo sem sacarose apresentou o valor de pH mais baixo (2,36), enquanto o couro de tamarindo com 15 % de sacarose apresentou o valor de pH mais elevado (2,88). É evidente que, à medida que o nível de sacarose no couro de tamarindo aumenta, o pH aumenta devido à alcalinidade da sacarose (Jain e Nema, 2007). O aumento do pH do couro de tamarindo situa-se num intervalo seguro para a estabilidade do couro de tamarindo contra a deterioração por microrganismos. Collins e Hutsell (1987) referiram que o pH do couro de batata-doce era de 4,8 e que a contagem de microrganismos era bastante baixa.

Henriette *et al.* (2006) relataram que o baixo pH (3,8) do couro de manga permitiu que o produto fosse microbiologicamente estável por pelo menos 6 meses.

Tabela 13. Alterações no pH do couro de tamarindo preparado por diferentes sistemas de secagem em função do nível de sacarose

Level of sucrose in pulp (%)	pH values		
	Cabinet drier	**Solar drier**	**Shade drying**
0.0 (control)	2.51[c]	2.29[c]	2.36[d]
5.0	2.61[b]	2.44[bc]	2.49[c]
10.0	2.66[b]	2.52[b]	2.68[b]
15.0	2.78[a]	2.81[a]	2.88[a]

As médias com letra(s) sobrescrita(s) diferente(s) em cada coluna diferem significativamente (P≤0,05) utilizando o teste de intervalo múltiplo de Duncan.

4.4.5 Alterações da acidez titulável do couro de tamarindo

A Tabela 14 mostra as mudanças na acidez titulável (AT) do couro de tamarindo contendo diferentes níveis de sacarose secos usando diferentes sistemas de secagem. Registou-se uma diminuição significativa (P≤0,05) na AT dos diferentes couros de tamarindo secos por diferentes sistemas de secagem. Os couros de tamarindo secos com secador de armário, o maior valor de TA foi registado pelo couro de tamarindo sem sacarose (18,82%) e o menor valor de TA foi registado pelo couro de tamarindo contendo 15% de sacarose (6,86). A mesma tendência também foi observada para os couros de tamarindo secos com secador solar, o maior valor de AT foi registado pelo couro de tamarindo sem sacarose (15,35%) e o menor valor de AT foi registado pelo couro de tamarindo com 15% de sacarose (7,83). Relativamente ao couro de tamarindo seco à sombra, o couro de tamarindo sem sacarose apresentou o valor mais elevado de AT (16,49) e o couro de tamarindo com 15 % de sacarose apresentou o valor mais baixo de AT (6,98).

Irwandi, e Che man (1997) mostraram que a acidez titulável do couro de jaca era de 0,02%. Kramer e Twigg (1972) afirmaram que se a acidez for demasiado baixa nos alimentos, o produto será insípido e pouco apelativo.

A sacarose reduz a AT nos sistemas alimentares, pelo que o pH dos alimentos aumenta e a AT diminui (Jain e Nema, 2007).

4.4.6 Variação dos sólidos solúveis totais do couro de tamarindo

A Tabela 15 mostra as mudanças nos sólidos solúveis totais (TSS %) do couro de tamarindo contendo diferentes níveis de sacarose secos usando diferentes sistemas de secagem. Houve um aumento significativo (P≤0,05) na % de SST entre os diferentes couros de tamarindo em cada sistema de secagem. O couro de tamarindo sem sacarose seco em secador de gabinete deu o menor valor de TSS % (51,90) e o que contém 15% de sacarose deu o maior valor de TSS % (80,30).

Tabela 14.   Alterações na acidez titulável (% ácido tartárico) do couro de tamarindo preparado por diferentes sistemas de secagem em função do nível de sacarose

Level of sucrose in pulp (%)	Titratable acidity (TA) values		
	Cabinet drier	Solar drier	Shade drying
0.0 (control)	18.82[a]	15.35[a]	16.49[a]
5.0	12.02[b]	13.19[b]	10.99[b]
10.0	8.43[c]	10.48[c]	8.39[c]
15.0	6.86[d]	7.83[d]	6.98[c]

As médias com letra(s) sobrescrita(s) diferente(s) em cada coluna diferem significativamente (P≤0,05) utilizando o teste de intervalo múltiplo de Duncan.

Tabela 15. Alterações nos sólidos solúveis totais (SST %) do couro de tamarindo preparado por diferentes sistemas de secagem em função do nível de sacarose

Level of sucrose in pulp (%)	Total soluble solids (TSS %) values		
	Cabinet drier	Solar drier	Shade drying
0.0(control)	51.9[d]	61.5[d]	61.7[d]
5.0	62.7[c]	67.3[c]	66.3[c]
10.0	74.9[b]	72.4[b]	71.0[b]
15.0	80.3[a]	79.3[a]	78.8[a]

As médias com letra(s) sobrescrita(s) diferente(s) em cada coluna diferem significativamente (P≤0,05) utilizando o teste de intervalo múltiplo de Duncan.

O couro de tamarindo seco com o secador solar adoptou a mesma abordagem: o tamarindo sem sacarose deu o valor mais baixo de TSS % (61,50) e o que contém 15% de sacarose deu o valor mais alto de TSS % (79,30).

Em relação ao couro de tamarindo seco à sombra, o couro de tamarindo sem açúcar deu o valor mais baixo de TSS % (61,70) e o que contém 15% de sacarose deu o valor mais alto de TSS % (78,80), o que parece natural, uma vez que a sacarose, como ingrediente solúvel, aumenta o nível de sólidos solúveis no couro. Do ponto de vista das características de qualidade, os couros de tamarindo com 15% de sacarose, secos em todos os sistemas de secagem, apresentaram uma qualidade superior. Esta constatação é semelhante aos resultados de Ekanayake e Banadara (2002), que referem que o teor de açúcar de 15% para o couro de banana foi considerado o melhor, com uma textura e palatabilidade satisfatórias.

4.5 Alterações das características físico-químicas do couro de tamarindo durante o armazenamento.

4.5.1 Alterações do teor de humidade do couro de tamarindo

A Tabela 16 mostra as alterações no teor de humidade (MC) dos couros de tamarindo preparados por secadores de armário e solares, embalados em sacos de acetato de celulose e armazenados a 25-30° C durante 6 meses. Verificou-se um aumento significativo (P≤0,05) no teor de humidade (CM) dos couros para ambos os sistemas de secagem durante o armazenamento. A MC do couro seco em gabinete aumentou de 5,52 para 7,44% e a do couro seco ao sol aumentou de 7,95 para 9,63. O aumento do teor de humidade dos couros pode dever-se à permeabilidade à humidade do acetato de celulose (Gontard e Guilbert, 1994). Este aumento do teor de humidade durante o armazenamento foi observado por Henriette *et al.* (2006) para peles de manga embaladas em baldes de polipropileno e armazenadas durante 6 meses a 25⁰ C e também por Sagar e Kumar (2007) para peles de goiaba embaladas em sacos de polietileno e armazenadas até 9 meses a 17-340C.

Tabela 16. Alterações no teor de humidade (%) do couro de tamarindo embalado em acetato de celulose durante o armazenamento, afetado por dois sistemas de secagem e pelo tempo de armazenamento

Drying system	Storage time (months)						
	0	**1**	**2**	**3**	**4**	**5**	**6**
Cabinet drier	5.52[l] ±0.11	5.21[m] ±0.11	5.72[k] ±0.03	5.92[j] ±0.0.06	6.25[i] ±0.0.09	6.81[h] ±0.10	7.44[g] ±0.11
Solar drier	7.95[f] ±0.05	7.35[g] ±0.15	8.24[e] ±0.10	8.54[d] ±0.11	8.92[c] ±0.03	9.30[b] ±0.11	9.63[a] ±0.11
Lsd$_{0.05}$	0.1587						
SE±	0.05477						

As médias ± DP com letras diferentes sobrescritas nas colunas e linhas são significativamente diferentes (P≤0,05).

Por outro lado, Irwandi e Che Man (1996), Mohamed (1999) relataram uma diminuição do teor de humidade do couro do fruto do durião e do couro da manga embalados em sacos de polietileno e armazenados durante 3 meses à temperatura ambiente.

Rao e Roy (1982) referiram que os principais problemas dos couros de frutos são a absorção de humidade e o escurecimento não enzimático. O movimento da humidade do couro de fruta durante o armazenamento parece depender do tipo de materiais de embalagem utilizados com estes produtos.

4.5.2 Alterações no rácio de reidratação do couro de tamarindo

A Tabela 17 mostra as alterações na razão de reidratação (RR) do couro de tamarindo embalado em sacos de acetato de celulose e armazenado a 25-30° C durante 6 meses, conforme afetado por dois sistemas de secagem. Não foram observadas alterações significativas (P≤0,05) na propriedade de reidratação do couro seco em gabinete (de 1,44 para 1,30). Também não foram observadas alterações significativas (P≤0,05) na RR do couro seco ao sol (de 1,78 para 1,36). Não houve diferenças significativas (P≤0,05) na FR entre os dois sistemas de secagem. A ligeira diminuição da RR dos couros de tamarindo durante o armazenamento pode dever-se ao aumento do teor de humidade dos couros de tamarindo durante o armazenamento.

Mohamed (1999) relatou que a RR do couro de manga armazenado à temperatura ambiente tinha diminuído durante o período de armazenamento (3 meses). Geralmente, o declínio na RR dos alimentos secos não é recomendado porque reflecte a incapacidade dos alimentos secos de absorver a quantidade de água necessária para a sua reconstituição (Rahman e Perera, 2007).

4.5.3 Alterações da textura do couro de tamarindo

O quadro 18 mostra as alterações de textura do couro de tamarindo acondicionado em sacos de acetato de celulose e armazenado a 25-30oC durante 6 meses, em função dos dois sistemas de secagem. A textura dos couros de tamarindo de ambos os sistemas de secagem

Tabela 17. **Alterações no rácio de reidratação do couro de tamarindo durante o armazenamento em função do sistema de secagem e do tempo de armazenamento**

Drying system	Storage time (months)						
	0	**1**	**2**	**3**	**4**	**5**	**6**
Cabinet drier	1.44^{cd}	1.39^{cd}	1.36^{cd}	1.35^{d}	1.33^{d}	1.31^{d}	1.30^{d}
	±0.16	±0.03	±0.06	±0.05	±0.04	±0.05	±0.05
Solar drier	1.78^{a}	1.69^{ab}	1.59^{abc}	1.49^{bcd}	1.44^{cd}	1.39^{cd}	1.36^{cd}
	±0.26	±0.20	±0.14	±0.06	±0.18	±0.04	±0.09
Lsd$_{0.05}$	0.2048						
SE±	0.07071						

As médias ± DP com letras diferentes sobrescritas nas colunas e linhas são significativamente diferentes (P≤0,05).

Tabela.18 Mudanças na textura (Kg∕N) do couro de tamarindo durante o armazenamento como afetado pelo sistema de secagem e tempo de armazenamento

Drying system	Storage time (months)						
	0	1	2	3	4	5	6
Cabinet drier	3.29^{bc} ±0.31	3.49^{b} ±0.23	3.12^{bcd} ±0.19	3.00^{bcde} ±0.08	2.83^{cde} ±0.14	2.73^{de} ±0.07	2.72^{de} ±0.24
Solar drier	2.52^{e} ±0.36	4.10^{a} ±0.70	3.07^{bcd} ±0.03	3.03^{bcde} ±0.09	2.93^{cde} ±0.09	2.75^{de} ±0.22	2.64^{de} ±0.26
Lsd$_{0.05}$	0.4519						
SE±	0.1560						

As médias ± DP com letras diferentes sobrescritas nas colunas e linhas são significativamente diferentes (P≤0,05).

O sistema de secagem solar sofreu uma ligeira dureza no primeiro mês de armazenamento e, em seguida, eventualmente, os couros começaram a mostrar ternura no final do período de armazenamento (de 3,49 a 2,72 Kg∕N e de 4,10 a 2,64 Kg∕N para o secador de gabinete e os couros de tamarindo secos por secador solar, respetivamente). No entanto, não houve diferença significativa (P≤0,05) nas texturas de ambos os produtos no final do período de armazenamento, independentemente do sistema de secagem utilizado.

Uma observação semelhante foi também registada por Henriette *et al.* (2006)

com peles de manga armazenadas durante 6 meses. Irwandi e Che Man (1996) registaram uma ligeira dureza na textura das peles de durião, que foi resolvida após 3 meses de armazenamento.

A ligeira maciez da textura dos couros de tamarindo produzidos a partir de ambos os sistemas de secagem pode ser atribuída ao aumento do teor de humidade dos couros de tamarindo durante a armazenagem.

1.1.4 Alterações do pH do couro de tamarindo

O quadro 19 mostra as alterações do pH do couro de tamarindo embalado em sacos de acetato de celulose e armazenado a (25-30º C) durante 6 meses, em função dos dois sistemas de secagem e do tempo de armazenamento. O pH do couro de tamarindo seco em estufa diminuiu significativamente (P≤0,05) durante a armazenagem (de 2,78 para 2,12) e o do couro de tamarindo seco ao sol (de 2,81 para 1,98). Parece que houve semelhança na tendência de diminuição do pH entre os dois sistemas de secagem.

Os resultados foram semelhantes aos relatados por Sagar e Kumar (2007), que relataram uma diminuição do pH do couro de goiaba embalado em sacos de polietileno e armazenado até 9 meses a 17-34oC.

Também os resultados foram semelhantes às conclusões de Pragati e Dhawan (2003), a diminuição do pH pode dever-se à interconversão de açúcares e a outras reacções químicas que foram aceleradas a uma temperatura ambiente elevada.

Quadro 19. Alterações dos valores de pH do couro de tamarindo durante a armazenagem em função do sistema de secagem e do tempo de armazenagem

Drying system	Storage time (months)						
	0	**1**	**2**	**3**	**4**	**5**	**6**
Cabinet drier	2.78^{ab} ± 0.03	2.76^{ab} ± 0.23	2.71^{ab} ± 0.08	2.50^{abc} ± 0.02	2.31^{cd} ± 0.05	2.30^{cd} ± 0.41	2.12^{de} ± 0.10
Solar drier	2.81^{a} ± 0.03	2.74^{ab} ± 0.03	2.69^{ab} ± 0.23	2.56^{abc} ± 0.11	2.48^{bc} ± 0.02	2.12^{de} ± 0.04	1.98^{e} ± 0.25
Lsd$_{0.05}$	0.2748						
SE±	0.09487						

As médias ± DP com letras diferentes sobrescritas nas colunas e linhas são significativamente diferentes (P≤0,05).

Irwandi *et al.* (1997) relataram que o pH do couro do fruto do durião flutuou nas primeiras semanas de armazenamento e depois aumentou ligeiramente no final do armazenamento. Também David e Thiruman (2007) relataram os mesmos resultados, enquanto Foda *et al.* (1972) e Henriette *et al.* (2006) relataram a estabilidade do pH do couro de frutos durante o armazenamento à temperatura ambiente (25-30° C).

1.1.5 Alteração da acidez titulável do couro de tamarindo

A Tabela 20 mostra as mudanças na acidez titulável (AT), calculada como %

de ácido tartárico do couro de tamarindo embalado em acetato de celulose e armazenado a (25-30oC) por 6 meses, conforme afetado pelo sistema de secagem e tempo de armazenamento. Registou-se um aumento significativo (P≤0,05) da AT em ambos os sistemas de secagem durante o armazenamento.

Comparando os dois métodos de secagem, a TA de ambos os produtos era mais ou menos semelhante no final do período de armazenamento. Este fenómeno pode dever-se à interconversão dos açúcares e a outras reacções químicas que foram aceleradas a uma temperatura ambiente elevada (25-30oC). Os resultados foram semelhantes às conclusões de (Mohamed 1999; Pragati e Dhawan, 2003 e Sagar e Kumar 2007).

1.1.6 Alterações no teor de sacarose do couro de tamarindo

A Tabela 21 mostra as mudanças no nível de sacarose do couro de tamarindo embalado em acetato de celulose e armazenado a 25-30oC por 6 meses, conforme afetado por dois sistemas de secagem e tempo de armazenamento. Houve uma diminuição altamente significativa (P≤0,05) de sacarose no couro seco em gabinete (21,16 a 1,02). Da mesma forma, a mesma tendência foi observada com o couro seco ao sol (19,42 a 1,83). Houve uma diferença significativa (P≤0,05) entre os dois sistemas de secagem.

A diminuição do nível de sacarose pode ser atribuída à sua hidrólise em frutose e glucose pela ação de ácidos orgânicos em diferentes alimentos secos (Acher 1962; Schormuller *et al*. 1962; Satyaprakash e Sustanata, 1980);

Tabela 20. Alterações da acidez titulável (em % de ácido tartárico) do couro de tamarindo durante a armazenagem, em função do sistema de secagem e do tempo de armazenagem

Drying system	Storage time (months)						
	0	1	2	3	4	5	6
Cabinet drier	6.86^d ± 0.03	7.03^d ± 0.09	7.77^c ± 0.25	7.99^c ± 0.27	8.19^{bc} ± 0.07	8.26^{bc} ± 0.08	8.94^a ± 0.22
Solar drier	7.85^c ± 0.39	7.86^c ± 0.11	7.95^c ± 0.72	8.05^{bc} ± 0.15	8.09^{bc} ± 0.68	8.35^{bc} ± 0.23	8.64^{ab} ± 0.23
Lsd$_{0.05}$	0.5420						
SE±	0.1871						

As médias ± DP com letras diferentes sobrescritas nas colunas e linhas são significativamente diferentes (P≤0,05).

Tabela 21. Alterações do teor de sacarose (%) do couro de tamarindo durante o armazenamento, afectadas por dois sistemas de secagem e pelo tempo de armazenamento

Drying system	Storage time (months)						
	0	**1**	**2**	**3**	**4**	**5**	**6**
Cabinet drier	21.16^a	4.37^e	3.88^f	3.72^g	2.68^j	2.40^k	1.02^n
	±0.00	±0.00	±0.00	±0.00	±0.00	±0.00	±0.00
Solar drier	19.42^b	4.71^c	4.62^d	3.25^h	2.78^i	1.87^l	1.83^m
	±0.00	±0.00	±0.00	±0.00	±0.00	±0.00	±0.00
Lsd$_{0.05}$	0.0005289						
SE±	0.0001826						

As médias ± DP com letras diferentes sobrescritas nas colunas e linhas são significativamente diferentes (P≤0,05).

Sagar e Kumar, 2007).

1.1.7 Alterações no teor de açúcares invertidos do couro de tamarindo

O quadro 22 mostra as alterações no nível de açúcares invertidos (glucose e frutose) do couro de tamarindo embalado em acetato de celulose e armazenado a 25-30° C durante 6 meses, em função dos dois sistemas de secagem e do tempo de armazenamento. Verificou-se um aumento elevado do nível de açúcares invertidos do couro seco em armário desde o tempo zero até ao primeiro mês de armazenamento, o que pode dever-se à conversão da sacarose em glucose e frutose (de 34,53 para 55,52).

À medida que o armazenamento progrediu, houve uma diminuição significativa (P≤0,05) nos açúcares invertidos do couro seco em gabinete (de 55,52 para 36,83) e também no couro seco ao sol (de 55,52 para 36,83). A diminuição do nível de açúcares invertidos pode ser atribuída a um certo grau de reação de escurecimento não enzimático (reação de Maillard) que teve lugar entre os açúcares redutores e os aminoácidos livres totais (Hulme, 1971; Foda *et al.*, 1972; Ray e Roy, 1982 e Irwandi *et al*, 1998).

1.1.8 Evolução da percentagem de sólidos solúveis totais do couro de tamarindo

O quadro 23 mostra as alterações na percentagem de sólidos solúveis totais do couro de tamarindo embalado em acetato de celulose e armazenado a 25-30oC durante 6 meses, em função dos dois sistemas de secagem e do tempo de armazenamento. Não houve diferença significativa (P≤0,05) na % de sólidos solúveis totais do couro seco em gabinete nos primeiros 3 meses de armazenamento (de 80,3 para 76,6) e, em seguida, começou a diminuir, mas não significativamente (P≤0,05) dos resultados dos primeiros 3 meses e não significativamente diferente nos últimos 3 meses (de 65,2 para 63,0). Enquanto que para o couro seco ao sol, houve uma ligeira diminuição na % de sólidos solúveis totais, mas não significativamente diferente (P≤0,05) para todos os períodos de armazenamento. A diminuição do nível de sacarose e açúcares invertidos, como mencionado anteriormente, levará, por sua vez, à diminuição dos sólidos solúveis totais (Mc Bean *et al.* 1971).

Tabela 22. Alterações no teor de açúcares invertidos (%) (glucose e frutose) do couro de tamarindo durante a armazenagem, afectadas por dois sistemas de secagem e pelo tempo de armazenagem

Drying system	Storage time (months)						
	0	1	2	3	4	5	6
Cabinet drier	34.53^l ±0.00	55.52^b ±0.00	49.55^d ±0.00	45.25^f ±0.00	41.18^h ±0.00	39.93^i ±0.00	36.84^k ±0.00
Solar drier	33.91^m ±0.00	55.67^a ±0.02	52.93^c ±0.00	45.73^e ±0.00	42.96^g ±0.00	38.13^j ±0.00	27.83^n ±0.00
Lsd$_{0.05}$	0.0005289						
SE±	0.0001826						

As médias±DP com letras diferentes sobrescritas nas colunas e linhas são significativamente diferentes (P≤0,05).

Tabela 23. Alterações dos sólidos solúveis totais (%) do couro de tamarindo durante o armazenamento, afectadas por dois sistemas de secagem e pelo tempo de armazenamento

Drying system	Storage time (months)						
	0	1	2	3	4	5	6
Cabinet drier	80.3^{abc} ±0.01	84.3^{ab} ±0.39	81.4^{abc} ±0.34	76.6^{cd} ±1.18	65.2^{e} ±0.22	64.5^{e} ±0.13	63.0^{e} ±0.01
Solar drier	79.3^{bc} ±0.04	87.1^{a} ±0.27	77.3^{bcd} ±0.06	76.4^{cd} ±0.33	70.1^{de} ±0.62	63.8^{e} ±0.13	63.8^{e} ±0.12
Lsd$_{0.05}$	0.6794						
SE±	0.2345						

As médias ± DP com letras diferentes sobrescritas nas colunas e linhas são significativamente diferentes (P≤0,05).

1.1.9 Alterações do escurecimento não enzimático do couro de tamarindo

O quadro 24 mostra o escurecimento não enzimático do couro de tamarindo embalado em acetato de celulose e armazenado a 25-30° C durante 6 meses, afetado por dois sistemas de secagem e pelo tempo de armazenamento. O escurecimento não enzimático aumentou significativamente durante o armazenamento de 0,127 para 1,869 no couro seco em gabinete e no couro seco ao sol de 0,043 para 1,859. Não se registaram diferenças significativas (P≤0,05) entre os dois sistemas de secagem.

Harvey e Cavaletto (1978) registaram que o couro da batata-doce se tornou ligeiramente mais escuro durante o armazenamento. Irwandi e Che Man (1996) relataram um ligeiro escurecimento do couro de durião durante 3 meses de armazenamento a 28oC, que foi atribuído ao escurecimento não enzimático. Irwandi *et al.* (1998) relataram que o escurecimento não enzimático foi significativamente aumentado (P≤ 0,05) para o couro de durião armazenado por 3 meses à temperatura ambiente.

As mudanças de cor (por exemplo, acastanhamento) do couro da fruta durante o armazenamento foram relatadas anteriormente por vários investigadores (Hulme, 1971; Foda *et al.,* 1972 e Suyitno, 1984) e atribuídas principalmente a reacções químicas não enzimáticas.

4.6 Qualidade microbiológica dos couros de tamarindo

4.6.1 Efeito das condições de transformação na qualidade microbiológica das peles de tamarindo.

Os resultados mostram que todos os couros de tamarindo secos com secador de armário, secador solar e à sombra estavam livres de contaminação por leveduras e bolores e bactérias (coliformes, ácido lático, Staphylococcus sp, formador de esporos e Salmonella sp).

4.6.2 Efeito dos sistemas de secagem e do tempo de armazenagem na qualidade microbiológica das peles de tamarindo.

4.6.2.1 Contagem total viável (cfu/g)

Os quadros 25 e 26 mostram o efeito de diferentes sistemas de secagem na qualidade microbiológica dos couros de tamarindo armazenados durante seis meses. Os

Tabela 24. Alterações no escurecimento não enzimático do couro de tamarindo durante a armazenagem em função dos dois sistemas de secagem e do tempo de armazenagem

Drying system	Storage time (months)						
	0	1	2	3	4	5	6
Cabinet drier	0.138^g ±0.01	1.271^e ±0.07	1.438^d ±0.08	1.596^c ±0.05	1.707^b ±0.02	1.733^b ±0.02	1.869^a ±0.01
Solar drier	0.043^h ±0.00	0.886^f ±0.03	1.547^c ±0.02	1.598^c ±0.04	1.688^b ±0.01	1.704^b ±0.06	1.859^a ±0.00
Lsd$_{0.05}$	0.07480						
SE±	0.02582						

As médias±DP com letras diferentes sobrescritas nas colunas e linhas são significativamente diferentes (P≤0,05).

Tabela 25. Efeito do secador de armário e do tempo de armazenamento na qualidade microbiológica dos couros de tamarindo.

Microorganisms	Storage periods(month)						
	0	1	2	3	4	5	6
Total viable count (*cfu/g*)	*N D	N D	N D	N D	130	45	N D
Yeasts and Moulds count (*cfu/g*)	N D	800	N D	N D	N D	250	N D
Coliform bacteria MPN/ 100ml	N D	N D	N D	N D	N D	N D	N D
Lactic acid bacteria (*cfu/g*)	N D	N D	N D	N D	N D	N D	N D
Staphylococcus sp (*cfu/g*)	N D	200	N D	N D	N D	N D	N D
Spore former (*cfu/g*)	N D	N D	N D	N D	N D	N D	N D
Salmonella sp (*cfu/g*)	N D	N D	N D	N D	N D	N D	N D

*N D: Não detectado

Tabela 26. Efeito do secador solar e do tempo de armazenamento na qualidade microbiológica dos couros de tamarindo.

Microorganisms	Storage periods(month)						
	0	1	2	3	4	5	6
Total viable count (*cfu/g*)	*N D	55	N D	N D	170	75	45
Yeasts and Moulds count (*cfu/g*)	N D	850	N D	N D	N D	400	N D
Coliform bacteria MPN/ 100ml	N D	N D	N D	N D	N D	N D	N D
Lactic acid bacteria (*cfu/g*)	N D	N D	N D	N D	N D	N D	N D
Staphylococcus sp (*cfu/g*)	N D	N D	N D	N D	N D	N D	N D
Spore former (*cfu/g*)	N D	N D	N D	N D	N D	N D	N D
Salmonella sp (*cfu/g*)	N D	N D	N D	N D	N D	N D	N D

N.D: Não detectado

A contagem total viável não foi detectada em couros de tamarindo secos por secador de gabinete nos primeiros três meses e no último mês de armazenamento, mas foram detectados no quarto e quinto meses de armazenamento (130 e 45 cfu/g, respetivamente).A contagem total viável foi detectada em couros de tamarindo secos por secador solar no primeiro e nos últimos três meses de armazenamento (55, 170,75 e 45 cfu/g, respetivamente). Collins e Hutsell (1987) verificaram que a contagem total viável do couro de batata-doce era de 100 ufc/g e Irwandi *et al.* (1998) registaram que a contagem total viável do couro de durião era inferior a 60 ufc/g no final do período de armazenamento. Abel Gadier *et al.* (1976); FAO (1992) recomendaram que os limites padrão de contagem total viável para alimentos desidratados fossem (1×10^5 cfu/g como contagem mínima e 1×10^6 cfu/g como contagem máxima).

4.6.2.2 Contagem de leveduras e bolores

Os resultados apresentados nas tabelas 25 e 26 mostram o efeito dos diferentes sistemas de secagem na qualidade microbiológica dos couros de tamarindo armazenados durante seis meses. A contagem de leveduras e bolores foi quase negativa em todas as amostras examinadas e só foi detectada no primeiro e no quinto mês de armazenamento (800 e 250 ufc/g, respetivamente) para os couros de tamarindo secos em secador de armário. Também detectado no primeiro e quinto meses de armazenamento (850 e 400 cfu/g, respetivamente) para couros de tamarindo secos por secador solar. Estes resultados foram mais elevados do que os relatados por Collins e Hutsell (1987), que descobriram que as contagens de leveduras e bolores de couro de batata doce eram inferiores a 10 cfu/g. Irwandi e Che Man (1996) afirmaram que a contagem de bolores do couro de durião armazenado durante 3 meses à temperatura ambiente era muito baixa (25-35 cfu/g). Che Man e Sin (1997) relataram que a contagem de bolores para o couro de jaca armazenado durante 3 meses à temperatura ambiente foi de 8-15 cfu/g e para a levedura 2-30 cfu/g. Irwandi et al. (1998) afirmaram que a contagem total de leveduras e bolores para o couro de durião foi inferior a 140 ufc/g no final do período de armazenamento e atribuíram esse facto à presença de ácido sórbico que foi utilizado como conservante. Henriette et al. (2006) verificaram que as contagens de leveduras e bolores eram inferiores a 100 ufc/g de couro de manga com pH 3,8 e armazenado durante 6 meses à temperatura ambiente sem adição de conservantes químicos. Abel Gadier el al. (1976); ICMSF (1986) e EAS (2009) relataram que os limites de carga permitidos de leveduras e bolores para alimentos secos foram de 10^2 a 10^3 cfu/g. Embora os couros de tamarindo não contenham quaisquer conservantes químicos, a levedura e o bolor foram encontrados abaixo dos limites permitidos declarados e isso pode ser atribuído ao baixo pH dos couros de tamarindo (2,12) para couros de tamarindo secos pelo secador de gabinete e (1,98) para couros de tamarindo secos pelo secador solar.

4.6.2.3 Bactérias coliformes

As tabelas 25 e 26 mostram que não foram detectadas bactérias coliformes nos couros de tamarindo preparados por ambos os sistemas de secagem. Abel Gadier el al. (1976) recomendou um limite máximo permissível de carga de coliformes para os alimentos desidratados de 15 cfu/g. Collins e Hutsell (1987) detectaram poucos números de bactérias coliformes (menos de 10 ufc /g). Henriette et al. (2006) afirmaram que a E.coli encontrada no couro de manga era inferior a 3 organismos por grama.

4.6.2.4 Bactérias do ácido lático

Como se pode ver nos quadros 25 e 26, não foram detectadas bactérias lácticas nas peles de tamarindo durante todos os períodos de armazenamento para ambos os sistemas de secagem. As bactérias lácticas não estão naturalmente presentes nos alimentos, formando-se durante a fermentação de alimentos como chucrute, pickles, azeitonas e algumas carnes e queijos. As bactérias do ácido lático inibem o crescimento de bactérias formadoras de esporos a um pH de 5,0, mas não afectam o crescimento de leveduras e bolores (FAO, 2001).

4.6.2.5 Staphylococcus sp

Como mostrado nas tabelas 25 e 26 Staphylococcus sp não foi detectado em couros de tamarindo secos por secador solar durante todo o período de armazenamento, enquanto que foi detectado apenas no primeiro mês de armazenamento para o couro de tamarindo seco por secador de gabinete (200 cfu/g). Collins e Hutsell (1987) afirmaram que a contagem de *Staphylococcus aureas* para a batata-doce foi de 100 cfu/g. AIIBP (1992) relatou que o limite mínimo de staphylococcus sp para sopas secas e caldos é 10^2 e o limite máximo é 10^3 . Ray (2004) relatou que, o pH adequado para o crescimento de staphylococcus sp é 4,5.

4.6.2.6 Antigo Spore

As tabelas 25 e 26 reflectem que não houve crescimento de esporos formadores no couro de tamarindo seco por ambos os sistemas de secagem durante os períodos de armazenamento. Lelieveld *et al.* (2003) afirmaram que, nos alimentos ácidos, a maioria das bactérias, incluindo os organismos formadores de esporos, não conseguem crescer e multiplicar-se, sendo mais facilmente destruídos pelo calor.

4.6.2.7 Salmonella sp

As Tabelas 25 e 26 mostram que a Salmonella sp não foi detectada em todos os períodos de armazenamento para ambos os sistemas de secagem. O efeito anti-microbiológico do fruto do tamarindo deve-se principalmente à presença do ácido tartárico que inibe o crescimento bacteriano (Ray e Majumd 1976; Guerin e Revealer, 1984). A polpa de tamarindo é utilizada no Burkina Faso e no Vietname para purificar a água (Bleach *et al.*, 1991).

Henriette *et al.* (2006) afirmaram que a Salmonella sp estava ausente no couro de manga armazenado durante 6 meses à temperatura ambiente. Abd El Gadir *et al.* (2007) verificaram que o fruto do tamarindo tem uma atividade antibacteriana contra alguns agentes patogénicos, o que pode justificar as utilizações tradicionais da polpa do fruto como remédio para o tratamento de infecções bacterianas. Os resultados globais mostram que a qualidade microbiológica das peles de tamarindo secas em estufa e em secador solar e armazenadas à temperatura ambiente é segura e estável durante 6 meses.

4.7 Avaliação sensorial dos sumos de tamarindo

O quadro 25 apresenta os resultados dos testes organolépticos efectuados para os sumos de tamarindo preparados a partir de couros secos em gabinete e ao sol, bem como de couros industriais (fábrica alimentar sudanesa) e tradicionais.

Verificaram-se diferenças significativas (P≤0,05) na aparência entre os diferentes sumos. O sumo de tamarindo feito de couro de tamarindo seco ao sol recebeu as pontuações mais altas, enquanto o sumo de tamarindo feito de couro seco em armário recebeu as pontuações mais baixas.

No que diz respeito ao sabor, o sumo de tamarindo feito de couro seco por energia solar obteve as pontuações mais elevadas e o sumo de tamarindo industrial obteve as pontuações mais baixas. Também o sabor do sumo de tamarindo produzido a partir de couro

o couro seco obteve uma pontuação superior à pontuação inferior atribuída ao sumo de tamarindo industrial.

No que diz respeito ao carácter de sabor residual, e apesar de não existirem diferenças significativas (P≤0,05) entre o sumo de tamarindo produzido a partir de couro seco em gabinete e o sumo de tamarindo preparado tradicionalmente, o sumo de tamarindo produzido a partir de couro seco ao sol continuou a ser o melhor e o sumo de tamarindo industrial obteve as pontuações mais baixas.

Em geral, ficou claro que o sumo de tamarindo feito de couro seco ao sol foi o mais aceitável na preferência geral, seguido pelo sumo de tamarindo feito de couro seco em armário, depois o sumo preparado tradicionalmente e o sumo processado comercial de menor qualidade.

Tabela 27. Aceitabilidade do extrato de tamarindo (sumo) preparado a partir de *peles de tamarindo em relação ao controlo*

Sample	Appearance	Flavor	Taste	After taste	Overall acceptability
Solar dried tamarind leather	3.69 ± 1.41^a	4.30 ± 1.41^a	4.30 ± 1.41^a	4.38 ± 1.41^a	4.19 ± 1.41^a
(Industrial) Sudanese food factory	3.15 ± 1.41^c	2.34 ± 1.41^d	2.19 ± 1.41^d	3.30 ± 1.41^c	2.57 ± 1.41^d
Cabinet dried tamarind leather	2.92 ± 1.41^d	4.07 ± 1.41^b	3.92 ± 1.41^b	3.80 ± 1.41^b	3.53 ± 1.41^b
Traditional juice (market)	3.46 ± 1.41^b	2.57 ± 1.41^c	2.84 ± 1.41^c	3.73 ± 1.41^b	3.03 ± 1.41^c
Lsd$_{0.05}$	0.151	0.151	0.151	0.151	0.151
SE$\pm$	0.038	0.038	0.038	0.038	0.038

As médias $\pm$ DP com letras diferentes sobrescritas numa coluna são significativamente diferentes (P$\leq$0,05).

CAPÍTULO 5
CONCLUSÕES E RECOMENDAÇÕES

5.1 Conclusões

A partir de um estudo sobre a preparação de couro de tamarindo a partir da polpa tradicional do fruto de tamarindo contendo 3 níveis diferentes de sacarose e seca utilizando três sistemas de secagem (secador de armário, secador solar e sombra), podem concluir-se os seguintes pontos

- O fruto do tamarindo foi considerado rico em açúcares, potássio e cálcio e pobre em proteínas e Fe.

- A proporção ideal de água/fruta de tamarindo para extração de sólidos solúveis totais foi de 1: 4 e o tempo ideal de imersão para polpação foi de 3 horas.

- A polpa de tamarindo é altamente ácida.

- O secador de armário foi considerado o sistema de secagem mais rápido para secar o couro de tamarindo, seguido pelo secador solar e depois pelo sistema de secagem à sombra.

- As taxas de secagem dos couros de tamarindo secos pelo secador de armário foram constantes ao longo do ciclo de secagem, enquanto que as taxas de secagem dos couros de tamarindo secos com o secador solar e à sombra foram flutuantes.

- O aumento do nível de sacarose na polpa de tamarindo diminui a taxa de secagem e a taxa de reidratação do couro de tamarindo produzido.

- À medida que o nível de sacarose aumentou na polpa de tamarindo, a textura do couro de tamarindo tornou-se mais tenra e com baixa acidez e a polpa demorou mais tempo a secar.

- Os sólidos solúveis totais do couro de tamarindo aumentam à medida que o nível de sacarose na polpa de tamarindo aumenta.

- A adição de 15 % de sacarose à polpa de tamarindo produziu couros de
  tamarindo de qualidade altamente aceitável em termos de baixa acidez,
  tenrura, sólidos solúveis totais elevados e palatabilidade.

- O couro de tamarindo seco com secador solar foi considerado altamente
  aceitável pelos membros do painel.

- O couro de tamarindo pode ser conservado sem adição de conservantes
  químicos devido à presença de ácido tartárico, que actua como um
  agente antimicrobiano natural.

5.2 Recomendações

A partir do resultado deste estudo, podem ser recomendados os seguintes
pontos;

- O couro de tamarindo altamente aceitável pode ser preparado a partir da
  polpa do fruto do tamarindo utilizando o secador solar como um dos
  sistemas de secagem mais simples.
- Recomenda-se a preparação de couro de tamarindo com 15% de sacarose
  para a indústria de sumo de tamarindo.
- A embalagem adequada para o acondicionamento dos couros de
  tamarindo é uma área de investigação mais aprofundada sobre o assunto.
- Além disso, outras investigações podem abranger a melhoria da
  qualidade de armazenamento de tais preparações alimentares.
- A preparação do couro de tamarindo pode ser recomendada como um
  método simples e adequado para prolongar a utilização e o prazo de
  validade dos frutos de tamarindo contra a deterioração e a infestação por
  insectos.

Referências

Abdalla, Z. E. (2002). Efeito de diferentes técnicas de secagem na qualidade das vagens de quiabo. Tese de doutoramento. Universidade Islâmica Omderman-Sudão.

Abd El Gadir, A. M., Khalid, A. S., Ahmed, A. M. e Agab. M. A. (1976). Exames microbiológicos de alimentos desidratados. *Sud. J. Food Sci. Tech.*, **8**: 50-54.

Abd El Gadir, W. S., Mohamed, F. e Omer, A. B. (2007). Atividade antibacteriana do fruto de *Tamarindus indica* e da semente de *Piper nigrum. Res.J. Micro.,* **2**: 824-830.

Abdel Kareem, M.I. (1973). Relatório anual. Centro de Investigação Alimentar, Sudão.

Abdel Kareem, M. I. (1975). Relatório anual do Centro de Investigação Alimentar, Sudão.

Abdelmuti, O.M. (1991). Avaliação Bioquímica e Nutricional de Alimentos de Fome do Sudão. Tese de doutoramento, Faculdade de Agricultura. Universidade de Khartoum, Sudão.

Acher, L. (1962). Avanços na investigação alimentar. **II,** pp 263.

Agab, M. A. (1985). Produtos alimentares fermentados: Bebida 'Hulu' Mur feita de *Sorghum bicolor. Food. Micro. J., 2* (2): 147-155.

Ahmed, A. R. e Abd El Rahman, G. H (2003). Relatório anual. Centro de Investigação Alimentar, Sudão.

Ahmed, S. A. (2009). Desenvolvimento de Tamarindo em Pó Seco por Pulverização. Tese de Mestrado, Academia de Ciências do Sudão - Sudão.

AIIBP (Association Internationale de I' Industrie des Bouillons et Potages, Commission Technique) (1992). Novas especificações microbiológicas para sopas e caldos secos. Alimenta **3**: 62-65.

Ali, A. M. (1985). Relatório Técnico, No. 38. Centro de Investigação Alimentar, Sudão. Alian, A., El Ashwah, E. e Eid, N. (1983). Propriedades antimicrobianas de algumas bebidas egípcias não alcoólicas com especial referência ao tamarindo. Egyptian. *J.Food. Sci.,* **11**:109-114.

Andrew, W. (1992). Manual de Controlo de Qualidade 4. Rev.1. Análise microbiológica. FAO and nutrition paper. U.S.A. Washington.

Anon (1976). *Tamarindus indica* L In the wealth of India (Raw Materials Series) **X** : 122-144. Conselho de Investigação Científica e Industrial, Nova Deli. Citado de Fruits for the Future 1.

Anon (1982).Fábrica de concentrado de sumo de tamarindo inicia a produção em Mysore. *Indian Food. J.*, 1:43- 44.Citado de Fruits for the Future 1.

Anon (1984).Tamarind kernel powder - a brief technical note profodil Bulletin 19:24-26.

Arthur, L., G. (1968). Extrato de Tamarindo. United States Patent Office, 3,399,189- patentAug. 27.

Askar, A., El Nemr, S.E., e Siliha, H. (1987). Constituintes aromáticos da polpa de tamarindo egípcio. *Deutsche Lebensmittel- Rundschau J.*, 83 (4):108-110.

Askar A. e Treptow H. (1993).Quality Assurance in Tropical Fruit Processing. Spring- Verlag, Berline, Alemanha, pp 46-47.

A.O.A.C. (1984). Associação dos Químicos Agrícolas Oficiais. Método Oficial de Análise. 14th Edit. Washington.USA.

Bala, K. B.; Ashraf, M. A.; Uddin, M. A. e Janjai, S. (2005). Previsão experimental e de rede neural do desempenho de um secador de túnel solar para secagem de bolbos de jaca e couro, *J. Food. Proce. Eng.*, 28: 552-566.

Barbosa, G. V. e Vega, H. (2006). Desidratação de alimentos. In: Food Processing Hand Book. Wiley-Vch Verlag GmbH & Co. KGaA, Weinheim, Alemanha

Benero J. R., Rodriguez A.J. e Collazo D.A. (1972). Um método mecânico para a extração da polpa de tamarindo.*J.Agric. Univ.* Puerto Rico, 56: 185186.

Benthal, A.P. (1933).The Trees of Calcutta and its Neighborhood. Thacker Spink and Co. (p513). Índia.

Bhattacharyya, S., Gangopadhyay, H. e Chaudhuri, D. R. (1983).Tamarind kernel powder as pectin substitute in food industries. In: Actas da Conferência Nacional sobre Frutas e Legumes, Associação de Cientistas e Tecnólogos Alimentares, pp 61- 64, Índia.

Bleach, M.F., Baure, I. e Hartmann, (1991). Preliminary study of antimicrobial activity of traditional plants against E.Coli1 Zentrabianthygiene and umweltimidizin, 192 (1) 45-46 (resumo em inglês). Citado de Fruits for the Future 1.

Bogdanov, S. e Baumann, S. E. (1988). Bestimmung von Honigzucker mitHPLC. Mill. *Gebiele Lebensm Hyg.* 79: 198-206.

Bolin, H. R. e Salunkhe, D.K. (1982). Desidratação de alimentos por energia solar. Crit. Rev. *Food. Sci.andNut. J.,* 327-354.

Bolin, H. R., Nury, F.S. e Fingle, J.B. (1964). Effects of light on processeddriedfruits. *Food. Tech. J.* 18 (12): 151.

Bolin, H.R. e Boyle, F.P. (1972). Effect of storage and processing on sulphur dioxide in preserved fruits (Efeito do armazenamento e da transformação no dióxido de enxofre em frutos conservados). *Food. Prod. Dev.J.* **6**, (7): 82.

Brennan, J.P., Butters, J. R., Cowell, N. D. e Lilly, A. E. V. (2006). Operação de engenharia alimentar. In: Food Processing Hand Book, Wiley-Vch Verlag GmbH & Co. KGaA, Weinheim, Alemanha

Brennan, J.P. (2006). Food Dehydration (Desidratação de Alimentos). In: Food Processing Hand Book, Wiley-Vch Verlag GmbH & Co. KGaA, Weinheim, Alemanha

Brown, W. H. (1954). Useful plants of the Philippines República das Filipinas, Dep. of Agric. and Natural Resources, Technical Bulletin. Bur Printer, Manila. Citado de Fruits for the Future 1.

Bueso, C.E. (1980). Processamento e características químicas da graviola, do tamarindo e da quiroga. Citado de Fruits for the Future 1.

Che Man, Y. B. e Sin, K.u. K. (1997) Processamento e aceitação pelo consumidor de couro de fruta a partir das partes florais não fertilizadas da *jaca. Agric.,* **75**: 102-108.

Collins J. L. e Hutsell L. W. (1987). Atributos físicos, químicos, sensoriais e microbiológicos do couro de batata-doce. *J. Food. Sc.i,***52** (3): 646-648.

Coronel, R.E. (1991).*Tamarindus indica* L. In plant resources of South East Asia, Wageningen; Pudoc. No.2. Edible Fruits and Nuts. (eds) E.W.M. Verheji andR   .E Cornel, Prosea, Foundation,

Bogor, Indonésia: 298-301. Citado de Fruits for the Future 1.

Craig, G. M. (1991). The Agriculture of the Sudan (A Agricultura do Sudão). Citado de The Potential ofUnder-utilized   Fruit Trees in Central Sudan (O potencial de   árvores fruteiras subutilizadas   no   Sudão Central)

Conferência sobre Investigação Agrícola Internacional para o Desenvolvimento, Berlim - Alemanha.

Cruess, W.V. (1958). Commercial Fruits and Vegetables Products.4th Edit.

Mc Graw Hill book Com. Nova Iorque, Toronto, Londres.

Dalziel, J.M. (1937).The useful plants of West Africa. Londres. Crown Agents for Overseas Government and Administrations, (p621). Citado de Fruits from the Future 1.

David, T. C. e Thirumaran, (2002). Embalagem de fatias de ananás (desidratadas). Proc. IS on Trop. and Subtrop. Fruits. Ata. Hort. 575.ISHS.

Demir, K. e Sacilik, K. (2010). Secagem solar de tomate Ayas utilizando um secador de túnel solar de convecção natural. *Inter. J. Food. Agric and envir.***8** (1): 7-12.

De Padua, L.S., Lugod, G.C. e Panch, J.V. (1978). Handbook on Philippines Medical Plants, **11**. Boletim Técnico de Los Banos 3, Colégio, Lagunda. Citado de Fruits for the Future 1.

Desrosier, N.M. (1970).The Technology of Food Preservation. 3rd. Editar. Avi. Pub, Londres.

Duffie, J. A. e Bechman, W. A. (1980). Solar Engineering of Thermal Processes. Uma publicação da Willey Interscience. John Wily and Sons, Nova Iorque.

Duke, J. A. (1981).Hand book ofLegumes ofWorld Economic Importance. Plenum Press, Nova Iorque, 228-230

EAS (Normas da África Oriental) (2009). Catálogo de normas da África Oriental.

Elamine, H. M. (1990). Árvores e arbustos do Sudão. Citado de The Potential of Under-utilized Fruit Trees in Central Sudan. Conferência sobre Investigação Agrícola Internacional para o Desenvolvimento, Berlim - Alemanha.

El Saebaii, A. A.; Ramadan, M. R.; El Gohary, H. G. (2002). Correlações empíricas para a cinética de secagem de algumas frutas e vegetais. Citado de: Previsão experimental e de rede neural do desempenho de um secador de túnel solar para secagem de bulbos de jaca e couro, (2005).

Ekanayake, S. e Bandara, L. (2002).Desenvolvimento do couro de frutos de banana. Anais do Departamento de Agricultura do Sri Lanka. **4**: 353-358.

Fabino A. N., Rodrigues S., Law L. C. e Mujumdar S. A. (2010). Secagem de frutos tropicais exóticos: A comprehensive Review. *J. Food. Bioprocess.***4** (2): 164-185.

FAO (1992). Manual de Controlo de Qualidade 14/14. Rev.I. Análise microbiana. Roma. 0-100, Itália.

FAO (1995) Fruits and Vegetables processing. FAO. Boletim dos Serviços Agrícolas n.º 119. Organização das Nações Unidas para a Alimentação e a Agricultura, Roma.

FAO (2001).Improving Nutrition through Home Gardening. Serviços de programadores de nutrição. Boletim No.7. FAO. Roma. Itália.

Farakas I., (2000). Um sistema combinado de energia solar e tecnologia na Hungria. *Agric. Res. J.,* **9** (2):18-21.

Fellows, P. (2000) Food Processing Technology. 2nd Edit. Wood Head pub. L. pp. (311-321), (334-339).

Feungchan, S., Yimsawat, T., Chindapraseat, S. e Kitpowsong, P. (1996).Recursos fitogenéticos do tamarindo (*Tamarindus indica* L.) na Tailândia. *Thi.J. Agric. Sci.* Special Issue No.1: 1-11. Citado de Fruits for the Future 1.

Flowers, Andrew, Donnelly e Koenig. (1993). In Marshall (ed), Standard Methods for the Examination of Dairy Products. 6th ed. Associação Americana de Saúde Pública, Washington, D. C.

Foda, Y. H.; Hegazi, M. e Salem, S. A. (1972).Alterações que ocorrem em certos componentes químicos em folhas de alperce secas ao sol em relação à descoloração durante o armazenamento. *Sud. J. Food. Sci. and Tech.* 4:57-63.

Gontard, N. e Guilbert, S. (1994). Bio-technology and Properties of Edible and/or Biodegradable Materials of Agricultural Origin: In Food Packaging and Preservation (editado por Mathlouthi M.) pp160-162, Springer publisher.

Guerin, J.C. e Revealer, H.P. (1984). Active antifongique d' vegetax a usage therapeutique.1.Edue de 41. Extract sur 9 souches fonguques (atividade antifúngica de extractos de plantas contra 9 espécies de fungos) Allalles phamaceutiques Francaises, 42 (6) 553-559 (resumo em inglês). Citado de Fruits for the Future 1.

Gunasena, H.P.M. e Hughes.A. (2000). Fruits for the Future 1. Tamarind. International Centre for underutilized crops, Reino Unido.

Harrigan, E. F. e Mc Cane, M. E. (1976).Laboratory Methods in Microbiology. Academic Press. Academic Press. Londres.

Harvey, T.C e Cavattole, G.C. (1978). Desidratação e estabilidade de armazenamento do couro de papaia. *J. Fd. Sci.*, 43:1723-1725.

Harrison, A. J. e Andress, L. E. (2000). Conservação de alimentos: Secagem de frutas e legumes. Relatório, serviço de extensão cooperativa, Universidade da Geórgia.

Hayes,P.R.(1998).Food Hygiene Microbiology and HACCP (3ª edição), Aspen publisher, Inc.Gaitherburg, Maryland.

Henriette, M. C., Edy, S. B., Germano, E.G., Virna, L. F. e Laura, M.B. (2006).Efeito da secagem e do tempo de armazenamento nas propriedades físico-químicas de couros de manga. *Inter. J. of Food. Sci. and Tech.* 41: 635- 638. Huang.X. e Hsieh. F.H. (2005).Propriedades físicas, atributos sensoriais e preferência do consumidor de pele de pera. *J. of Food Sci.*, 70 (3):177- 186.

Huggart, R. L. e Wenzel, F.W. (1955) Food Technology. 9, 27.

Hulume, A. C. (1971). A Bioquímica dos Frutos e seus Produtos. **II.** Academic press, Londres e Nova Iorque.

ICMSF (1986). Comissão Internacional da Sociedade MicrobiológicaMicroorganismos nos alimentos.2nd Press. Toronto. Canadá. Imprensa da Universidade de Toronto.

Ikehoronye, N. I. e Nogoddy, P. G. (1985). Ciência e Tecnologia Alimentar Integrada para os Trópicos. Macmillan Pub.Co. London.

Irwandi, J. e Che Man, Y. (1996). Couro de durião: desenvolvimento, propriedades e estabilidade de armazenamento. *Jornal da Qualidade Alimentar* **19**: 479 - 489.

Irwandi, J., Che Man, Y., Yusof, S., Salamat, J. e Sugisawa, H. (1998). Efeito do xarope de glucose sólido, da sacarose, do óleo de palma hidrogenado e da lecitina de soja na aceitabilidade sensorial do couro duro. *J. Food. Proce. and Preser* .**22**: 13-25.

Irwandi, J., Che Man, Y. B., Yusof, S., Salamat, J. e Sugisawa, H. (1998). Efeitos do tipo de materiais de embalagem nas características físico-químicas, microbiológicas e sensoriais do couro do fruto de Durian durante o armazenamento. *J. Sci. Food. and Agric.* **76**: 427-434.

Irwandi J, Che Man Y. B., Salamat J., Ahmed F. e Sugisawa, H. (2005) Efeito das condições de processamento e armazenamento na retenção de componentes voláteis do couro duriense. *J. Food, Agric and Envir, 3* (1) : 66-77.

Ishola, M. M., Agbaaji, E.B. e agbaji, A.S. (1990). Um estudo químico dos frutos de *Tamarindus indica* (Tsamiya) cultivados na Nigéria. J. *Sci., Food and Agric.,* **51**: 141-143. Citado de Fruits for the Future 1.

Jackson, T. H., Mohamed, B. B. e Abd El kareem, M. I. (1970). Relatório anual. Centro de Investigação Alimentar, Sudão.

Jain.P.K. e Nema. P.K. (2007). Processamento da polpa de várias cultivares de goiaba (*Psidium guajava* L.) para a produção de couro. Agricultural Engineering International: the CIGR Ejournal, **IX.**

James A.D. (1981).Handbook of Legumes of World Economic Importance. Plenurn Press, Nova Iorque.(pp228).

Jayaweera, D. M. (1981).Plantas medicinais (indígenas e exóticas) usadas no Ceilão, Parte 111. Flacourticeae - Lytharaceae. Uma publicação do Conselho Científico Nacional do Sri Lanka: 244-246. Citado de Fruits for the Future

Jens, G.; El-Siddigb, K. e Eberta, G. (2002). The Potential of Underutilized Fruit Trees in Central Sudan. Conferência sobre Investigação Agrícola Internacional para o Desenvolvimento, Berlim - Alemanha.

Kheiri, N. A. (2004). Relatório Anual. Centro de Investigação Alimentar, Sudão.

Kramer, H. I. e Twigg, B. A. (1972). Quality control for the Food Industry, 3rd edn. AVI, Westport, CT, EUA.

Kotecha, P.M. e Kadam, S.S. (2003). Preparação de bebidas prontas a servir, xarope e concentrado de tamarindo. *J. Food. Tech.*, **40** (1): 7679.

Lefevre, J. C. (1971). Revisão da literatura sobre os frutos de tamarindo (Resumo em inglês), **26**: 268. Citado de Fruits for the Future 1.

Leung, W. T. e Flores, M. (1961). Food Composition. Tabelas para uso na América Latina, Instituto Nacional de Saúde, Bethesda, MD. Citado de Fruits for the Future 1.

Lelieveld, H. L., Mostert, M. A., Holah, J. e White, B. (2003). Hygiene in Food Processing. Wood head publishing in Food Science and Technology, Inglaterra.

Lewicki, P. P. (2007). Efeito do tratamento de pré-secagem, secagem e re-hidratação nas propriedades do tecido vegetal. In: Hand Book of Food Preservation (2nd ed.) CRC press, Inglaterra.

Lewis, Y.S. e Neelakantan S. (1964).The Chemistry, Biochemistry and Technology ofTamarind. *J.Sci.Res*. **23**:204-206.

Lewis, Y.S.; Dwarakanath, C.T. and Johar, D.S. (1954).Utilization of tamarind pulp, *J. Sci. Indus. Res*. **13A**:284-286.

Linda, Z. (1995). Bebidas melhoradas utilizando extractos de tamarindo. Organização Mundial da Propriedade Intelectual - Gabinete Internacional, n.º WO 95/10949.

Lodge, N. (1981). Kiwi: dois novos produtos transformados. *Food. Tech.* NZ **16** (7) 35-43.

Maldonado, O., Rolz, C., Schneider de Cabrerea, S. (1975). Produção de vinho e vinagre a partir de frutos tropicais. *J.Food. Sci.,* **40**: 262-265.

Manjunath, M. N., Sattggeri, V. D., Rama S.N., Usha M.R. e Nagaraja K.V., (1991).Composição físico-química do pó de tamarindo comercial. *Indian Food Packer J.*, (pp 39-42).

Marangoni, A., Alli, I. e Kermasha, S. (1988).Composição e propriedades das sementes da leguminosa verdadeira *Tamarindus indica*. *J.Food. Sci.*, **53**:1452-1455.

Mc Bean, G. D., Joslyn, M. A. e Nury, F. S. (1971). Frutos desidratados. In: The Biochemistry of Fruits and Their Products. Imprensa académica. Academic press. Londres.

Mead, B. e Gurnow, R.W. (1983).Statistical Methods in Agricultural

Experimental Biology, Londres, Nova Iorque, Chapman and Hall.

Meillon, S. (1974). Processo de fabrico de bebidas, xaropes, sumos, licores e extractos sólidos à base de tamarindo e produtos assim obtidos. Patente francesa n.º 2231322.

Mircea, E. D. (1995). Processamento de Frutas e Legumes. Consultant FAO Agricultural Services Bulletin No.119, Organização das Nações Unidas para a Alimentação e a Agricultura, Roma.

Mohamed, L.A. (1999). Um estudo sobre os factores que influenciam as características de secagem e a qualidade da polpa de manga em forma de folha (Mangodeen).Tese de mestrado, Faculdade de Agricultura-Universidade de Cartum, Sudão.

Morton, J. (1987). Fruits ofWarm Climates (Frutas de climas quentes). Miami Fl: 115-121.

Mudgal, D. V. e Pande, K. V. (2007). Características de desidratação da couve-flor. *Inter. J. Food. Eng. 3* (6).

Mulokozi. G. and Svanberg U. (2003) Effect of traditional open sundrying and solar cabinet drying on carotene content and vitamin A activity of green leafy vegetables. *J. Plant Foods for Human Nutrition* **58**: 1-15 Mustafa, G. A. (2007). Preparação de uma bebida carbonatada a partir do fruto de tamarindo Aradaib cultivado localmente. Tese de Mestrado, Academia de Ciências do Sudão, Sudão.

Naikare, S. M.: Jedhaw, M. S. e Gawade, B. J. (1998). Processamento do couro da fruta e avaliação da sua qualidade durante o armazenamento. Citado de processing of pulp of various cultivars of guava (*Psidium guajava* L.) for leather production. Agricultural Engineering International: the CIGR Ejournal,**IX**.

NFC (2007). Corporação Florestal Nacional. Relatório anual, Ministério da Agricultura e Florestas. Cartum, Sudão.

Nickerson, J. T. e Sinkey, J. B. (1974). Microbiology of Food and Food Processing. American Elsevier pub. Comp. Nova Iorque, Amesterdão.

Nour, A. M. (1979). Um estudo preliminar das alterações nos produtos karkadeh (*Hibiscus sabddriffa*) associadas ao armazenamento a temperaturas elevadas. *Sud.J. Food. Sci. and Tech.,* **II**: 18-23.

Pauly, G. (1999). Utilização de extractos de sementes de tamarindo enriquecidos em xiloglicanos e produto cosmético ou farmacêutico contendo esses extractos. Patente dos Estados Unidos, nº 5.876.729.

Perera, C.O. (2005). Atributos de qualidade seleccionados de alimentos secos. *Inter. J. drying tech.* **23** (4): 717- 730.

Potter, N. N. (1986). Food Science. Quarta edição. Van Nostrand Reinold Publishing Co., Nova Iorque

Pragati, S.D. e Dhawan, S.S. (2003). Effect of drying methods on nutritional composition of dehydrated aonla fruit (*Emblicu officinalis* Garten) during storage. *Plants Foods for Human Nutrition J.* **58**: 1-9 Raab, C. e Oehler, N. (1976). Making dried fruit leather, Fact sheet 232. Oregon State Univ. Ext. Sev. EXT. EUA.

Rahman, M. S. e Perera, C. O. (2007). Secagem e conservação de alimentos. In: Hand Book ofFood Preservation (2nd ed.), CRC press, Inglaterra.

Ranganna, S. (1979).Acidez titulável, "Manual of Fruits and Vegetables Products". Mc craw, Hill pub. Co. Ltd. New Delhi: 7, 8.

Rao, P. S. (1948).Gelose de sementes de tamarindo (pectina) e suas propriedades gelificantes. *J.Sci. Indus. Res.* **6B**: 89-90.

Rao, V. S. e Roy, S. K. (1982). Estudos sobre a desidratação da polpa de manga. 11. Estudos de armazenamento de folhas/pele de manga. *Indian Food Packer*, 34: 7279.

Rapp, D. (1981).Solar Energy. Universidade do Texas, Dallas, Richardusm, Texas. EUA.

Revaskar, V., Sharma, P. G., Verma, C. R., Jain, K. S. e Chahar, K. V. (2007).Comportamento de secagem e necessidade de energia para a desidratação de fatias de cebola branca. *Inter. J. F00d. Eng.* **3** (5).

Ray, P. G. e Majumdar, S. K. (1976). Atividade antimicrobiana de algumas plantas indianas. Citado de Fruits for the Future 1.

Ray, B. (2004) Fundamental Food Microbiology. 3rd ed. CRC press USA.

Saeed A.e Ali, A. E. (1975).Utilização industrial de frutos e legumes indígenas. II Melancia de Kordufan (*Cirullus vulgaris*): Composição aproximada e aptidão para o fabrico de compota. *Sud.J. Food. Sci. and Tech.,* **7**: 35-40.

Saeed, A. e Ahmed, M.O. (1972). Relatório técnico n.º 4. Centro de Investigação Alimentar, Sudão.

Saeed, A., Nashid, N., Ali, A.M. e Mohamed, A. G. (1976). Utilização industrial de frutos e legumes indígenas. III Estudos preliminares sobre Dalieb (*Borassus aethiopum* L.) *Sud. J. Food. Sci. and Tech.,* **8**: 40.

Saeed, A. (2009) Produção de concentrados de tamarindo e karkadeh para o mercado local (Sudão). Comunicação pessoal, fábrica Saeed. Cartum Norte, Sudão.

Sagar, V.R. and Kumar P.S. (2007).Processamento de goiaba na forma de fatias desidratadas e couro. I Simpósio Internacional da Goiaba, ISHS Ata

Horticulturae 735.

Saka J.D. e Msonthi J.D. (1994). Valor nutricional de frutos comestíveis de árvores silvestres indígenas no Malawi. *Forest Ecology and Management J.*, **64**:245-248.

Salunkhe, D.K. (1976).Storage processing and nutritional quality of fruits and vegetables. Developments in technology and nutritive value of dehydrated fruits, vegetables and their products. Departamento de nutrição e ciência alimentar. Universidade Estadual. Logan, Utah.

Sapers, G.M. (1993).Browning in foods. (Controlo por sulfitos, antioxidantes e outros). *J. Food.Tech.*, **110**: 75- 84.

Satyaprakask, R.V. e Susanata, R.K. (1980).Estudos sobre a desidratação da polpa de manga - estabilidade de armazenamento da folha/couro de manga. *Indian Food. Packer.* **34** (3): 72-79.

Saxena A., Maity T., Raju P.S. e Bawa A. S. (2010).Cinética de degradação da cor e dos carotenóides totais em fatias de bolbo de jaca (*Artocarpus heterophyllus*) durante a secagem ao ar quente. . Tecnologia de Alimentos e Bioprocessos, Irlanda, DOI: 10.1007/s11947-010-0409-2. ImpactFactor: 2.238.

Schormuller, J. e Mullar, K. H. (1962). Ibid, **118** (6): 485.

Schrader, A. L. e Thompson, A. H. (1947). Proc. Am. Soc. Hort. Sci. 49:125.

Shankaracharya N.B. (1998).Tamarindo - química - tecnologia e usos - uma revisão crítica. *J.Food. Sci. Tech.*, **35** (3): 93-208.

Siliha, H. e Askar, A. (2000). Determinação de açúcares em alfarroba, rosela e tamarindo. Alimenta **5**: 127-129

Singh, R.P. e Heldman, D. R. (2006). Introdução à engenharia alimentar. In: Food Processing Hand Book. WILEY-VCH Verlag GmbH & Co.

KGaA, Weinheim, Alemanha

Soknansanj, S. e Jayes D. S. (2006). Secagem de géneros alimentícios. In: Food Processing Hand Book. WILEY-VCH Verlag GmbH & Co. KGaA, Weinheim, Alemanha

Steele, D. V. (1987). Non traditional crops called Caribbean key to winning markets. *The Packer*, **28**.

Suyitno,T. (1984). Fibra dietética e comportamento da atividade da água de fruta em pó. Tese de doutoramento, Universidade Gadjahmada, Yogyakarta, Indonésia.

Toledo, R.T. (2006). Fundamentos da engenharia de processos de alimentos. In: Food Processing Hand Book. WILEY-VCH Verlag GmbH & Co. KGaA,

Weinheim, Alemanha

A riqueza da Índia (1976). Matéria-prima, CSIR (Índia), Nova Deli, **7**: 114-122.

Thankitsunthorn, S.,Thawornphiphatdit, C., Laohaprasit, N. e Srzednicki, G. (2009). Efeito da temperatura na qualidade do pó seco de groselha da Índia. *Inter. Food. Res. J.* **16**: 355-361.

Torrey, M. (1974). Dehydration of Fruits and Vegetables (Desidratação de Frutas e Legumes). pp. 142-144.

Noyes. Data Corporation, NewJersey, EUA.

Ulrich, H. (1970). Ácidos orgânicos. In: The Biochemistry of Fruits and Their Products. **II.** Academic press, Londres e Nova Iorque.

Van Arsdel, W.B., Copley, M. J. e Morgan, A. I. (1973). Food Dehydration. **III**, 2nd Edit.AVI pub. Londres.

Vogt, K. (1995). A field guide to the identification, propagation and uses of common trees and shrubs of dry land Sudan (Guia de campo para a identificação, propagação e usos de árvores e arbustos comuns da terra seca do Sudão). SOS Sahel international (UK), Citado de Fruits for the Future 1.

Von Maydell, H. J. (1986). Árvores e arbustos do Sahel, suas características e utilizações. Citado de Fruits for the Future 1.

Wang, N. e Brennan, J.P. (2006). Um modelo matemático da transferência simultânea de calor e humidade durante a secagem da batata. In: Food Processing Hand Book. WILEY-VCH Verlag GmbH & Co. KGaA, Weinheim, Alemanha

WolfI. D.; Labuza, T.P.; Osoln, W. W. e Schafer, W. (1990). Secagem de alimentos em casa. Collage ofhuman ecology, Universidade de Minnesota.

Yilbas B. S., Hussian M. e Dincer I. (2003). Difusão de calor e humidade em produtos de laje para condição de fronteira convectiva. *Heat and mass transfer J.* **39**: 471-476.

Zoblocki L. e Pecore, S. (1996). Extrato de tamarindo. Patente dos Estados Unidos Us 5 474791.

Apêndice 1 Avaliação sensorial do sumo de tamarindo

Por favor, examine as amostras de sumo de tamarindo que lhe são apresentadas e classifique-as de acordo com o perfil dos parâmetros indicados no formulário.

Atribuir à melhor amostra a pontuação 5 e à pior amostra a pontuação 1.

Sample	Appearance	Flavor	Taste	After taste	Overall acceptability
A					
B					
C					
D					

Printed by Books on Demand GmbH, Norderstedt / Germany